水环境绿色高效修复技术

王召东　毛艳丽　宋忠贤◆著

电子科技大学出版社
University of Electronic Science and Technology of China Press

·成都·

图书在版编目(CIP)数据

水环境绿色高效修复技术 / 王召东, 毛艳丽, 宋忠贤著. — 成都:电子科技大学出版社, 2021.7

ISBN 978-7-5647-9035-6

Ⅰ. ①水… Ⅱ. ①王… ②毛… ③宋… Ⅲ. ①水环境–生态恢复–研究 Ⅳ. ①X171.4

中国版本图书馆CIP数据核字(2021)第138084号

水环境绿色高效修复技术
SHUIHUANJING LÜSE GAOXIAO XIUFU JISHU

王召东　毛艳丽　宋忠贤　著

策划编辑　　李述娜　杜　倩

责任编辑　　李　倩

出版发行　　电子科技大学出版社
　　　　　　成都市一环路东一段159号电子信息产业大厦九楼　邮编　610051

主　　页　　www.uestcp.com.cn

服务电话　　028-83203399

邮购电话　　028-83201495

印　　刷　　石家庄汇展印刷有限公司

成品尺寸　　170mm × 240mm

印　　张　　10.75

字　　数　　180千字

版　　次　　2021年7月第1版

印　　次　　2021年7月第1次印刷

书　　号　　ISBN 978-7-5647-9035-6

定　　价　　52.00元

前　言

保护环境，遏制生态恶化趋势是当今全球促进经济、社会与环境协调发展和实施可持续发展战略的主要任务。环境中的抗生素、农药和重金属等污染物具有较强的持久性及难生物降解性等特点，会对人类和水生生物、陆生生物产生潜在危害。建立针对上述污染物的分离/富集和去除技术是环保领域亟待解决的难题。本书针对不同污染物的特性，成功构建了新型绿色环保吸附材料制备体系、智能印迹体系、选择性识别分离污染物体系，并成功用于环境中持久性污染物的吸附去除。

本书以柚子皮、玉米秸秆等为原料，采用化学活化法改性制备生物活性炭，分别考察活化剂量、时间、pH、温度和目标物初始浓度对吸附的影响；通过分析比表面积、孔隙度和红外光谱，研究活性炭对水体持久性污染物的吸附行为和吸附机理，并将制备的活性炭成功用于环境中 2，4- 二氯苯酚的吸附去除。

本书以乙烯基功能化的磁性麦秆为基质材料，环丙沙星（CIP）为模板，4- 乙烯基吡啶（4-VP）和甲基丙烯酸羟乙酯（HEMA）为功能单体，N，N′- 亚甲基双丙烯酰胺（BIS）和乙二醇二甲基丙烯酸酯（EGDMA）为交联剂，2，2′- 偶氮二异丁基脒二盐酸盐（AIBA）为引发剂，在甲醇与水的混合体系中制备出麦秆基磁性分子印迹材料，并将其成功用于 CIP 的选择性分离富集；通过 Pickering 乳液聚合，成功制备 pH 敏感磁性分子印迹聚合物，通过红外光谱、热重分析、透射电镜等手段对 pH 敏感磁性分子印迹聚合物进行表征。结果表明，该印迹聚合物在外加磁场作用下，可实现对目标物的快速分离及样品回收，并将获得的印迹聚合物成功应用于水相中的联苯菊酯的选择性吸附去除。

本书构建了系列吸附材料制备体系，并对所制备的吸附材料的理化性能、吸附行为和机理、选择性识别机制和再生性能进行深入研究；以农业废弃物和工业固废等为载体制备吸附材料，实现固体废弃物的资源化利用，生产工艺简单、易操作，载体材料来源广泛、价格低廉，大幅降低了吸附材料的生产能耗和生产成本。本书构建了环境持久性污染物的靶向、高效分离 / 富集体系，建立了新型吸附材料分离 / 富集持久性污染物与仪器分析技术的联用新方法。

本书的研究工作获国家自然科学基金面上项目（项目编号：U1904174）、河南省科技攻关项目（项目编号：212102310068）、河南省自然科学青年基金项目（项目编号：202300410034）、河南省自然科学基金青年项目（项目编号：202300410033）、河南省科技攻关项目（项目编号：202102310280）及河南省水体污染防治与修复重点实验室资助。

本书在编写的过程中尽量采用最新的文献，实验部分是作者的一些研究成果。由于作者水平有限，难免会有不足之处，恳请读者批评指正。

著　者

2021 年 5 月

|目　　录|

I

第 1 章 绪 论

1.1 持久性污染物的危害及去除技术

1.1.1 氯酚类有机污染物的危害及去除技术

1.1.1.1 氯酚类有机污染物的危害

目前，随着农药在农业生产中的广泛使用，氯酚类有机污染物对环境的污染愈加严重。氯酚类有机污染物具有生物累积性、环境持久性、剧毒性、长距离迁移能力等重要特征，在水环境、大气、土壤中大量富集，经过食物链最终进入人的体内，在人体血液中循环、脂肪中积累，进而对人体的生殖、发育等产生多方面影响，如引起生殖系统、免疫系统和神经系统等发生病变，致使其生殖功能下降、免疫力低下、神经系统受损和内分泌紊乱，更严重者还可诱发恶性肿瘤。河南省是农业大省，各类农药的大量使用加剧了氯酚类有机污染物对水体的污染。随着污染事故的频频发生，人们逐渐认识到氯酚类有机污染物危害的严重性，日益重视对氯酚类有机污染物的检测与控制，意识到必须在全球范围内对持久性有机污染物采取行动，如联合国环境规划署理事会于 1997 年 2 月 7 日通过第 19/13C 号决议，该决议中就提及要为保护人类健康和环境采取包括旨在减少和 / 或消除持久性有机污染物排放和释放的措施在内的国际行动。2011 年 3 月，河南省人民政府就关于实施《河南省持久性有机污染物 "十二五" 污染防治规划》下发通知，要求各级政府加强对持久性有机污染相关企业的监管，有效防控持久性有机污染物的污染。因此，分离 / 富集技术及分析检测方法亟待改进和完善，以求更快速、灵敏、靶向和高效。开发应用低成本、高效深度处理技术已成为当前环境领域的研究热点和亟待解决的重大问题之一。

1.1.1.2 氯酚类有机污染物的去除技术

目前，氯酚类有机污染物的去除已经引起了世界范围内的关注，包括我国在内的许多国家都已经将氯酚类有机污染物列为重点监控排放的污染物。对氯酚类有机污染物的处理方法有很多，传统水处理技术根本无法满足对该种污染物深度处理的需求。吸附法具备的显著优势在于：操作简便、效率高、能耗低、投资费用低，不产生二次污染，不会带来毒性更大或更难降解的污染物。常用的吸附剂（如有机离子交换树脂和无机吸附材料等）普遍存在着热稳定性差、选择性差、吸附容量小、平衡时间长等缺点。因此，开发高选择性、大吸附容量、优良再生性能、低成本的新型吸附剂，建立靶向、高效的分离/富集体系，实现对环境中氯酚类有机污染物的快速、高效、选择性分离/富集是目前研究的主要方向。

氯酚类化合物的去除方法有很多种，如物理处理法、生物降解法、化学处理法。

物理处理法包括吸附、膜分离以及混凝等技术，通过污染物从液相转移至固相表面，将其从水体中分离去除，而污染物本身结构未发生改变。从去除成本以及去除效率方面考虑，吸附法是目前应用得最多的物理处理法之一。吸附法虽然去除效果明显，操作简便，但是由于这类物理处理法只是将污染物富集和转移，没有从根本上解决氯酚类有机物的污染问题，处理不当易产生二次污染。此外，吸附剂寿命短和脱附再生问题也成为当前吸附法的难点。

生物降解法则是利用微生物对氯酚类物质进行生物降解，通过吸附和分解的途径，将污染物从废水中去除。生物降解法包括好氧生物处理、厌氧生物处理以及厌氧与好氧相结合的处理方法。生物降解法成本低廉、处理量大且绿色清洁，不会造成二次污染。但由于微生物对其生存环境中的pH、含氧量等因素要求严格，在有毒废水的处理过程中，微生物容易受到毒害，因此其应用范围受到限制。氯酚类难降解有机污染物毒性高、稳定性高且对苯环裂解酶存在抑制作用，这就对微生物菌种的存活性提出了更严格的要求，也加大了筛选适宜菌种的难度。又因为生物降解法处理废水的量小，因此生物降解法对难降解有机污染物的处理效果还不能令人满意。

化学处理法通常是利用氧化剂或还原性物质使污染物氧化分解或脱氯还原，实现相对彻底的降解、转化污染物的一类去除方法，包括化学氧化法和化学还原法。与物理处理法和生物降解法相比，化学处理法对处理高浓度的氯酚类废水显现出极大的优势：氧化能力强、净化速度快、处理效率高、无二次污染等。

化学还原法是用一些具有还原性的金属，如零价铁等提供电子使之脱氯还原，但该种方法存在金属消耗、效果差、无法实现完全矿化等不足。化学氧化法是通过电子转移进行有机物脱氯以及苯环开环，将氯酚类有机物转化为水和二氧化碳等无毒无害小分子物质，以实现有机污染物的彻底去除。然而，因为氯酚类污染物结构中含有苯环，较难发生加成和氧化反应，而更倾向于进行取代反应，所以单纯添加一些氧化剂来降解氯酚类污染物，不能达到彻底分解的效果，而且有可能生成中间产物，产生毒害作用。因此，寻找到应用广泛且不产生二次污染的高效处理方法十分必要。

芬顿氧化法（Fenton oxidation method）是一种处理有机污染物废水的高级氧化技术，它作为经典的高级氧化法也是应用最广泛的。芬顿催化体系中的 H_2O_2 被催化产生羟基自由基，羟基自由基迅速降解有机物，产生水和二氧化碳，其过程操作简单、反应迅速，然而降解过程中易释放金属离子导致二次污染。

臭氧及其组合工艺已经被广泛用于废水的治理修复中，是目前使用较多的一种处理废水的高级氧化技术。臭氧是一种淡蓝色的气体，具有刺激性气味，本身极不稳定，在常温常压下即可自行分解。其标准电极电位为 2.07 V，具有很强的氧化性。有机污染物被臭氧氧化一般有两种途径：一是被臭氧分子直接氧化；二是在碱性条件下，臭氧分子被分解，产生羟基自由基，有机物间接地被羟基自由基氧化。其中，臭氧的直接氧化具有选择性，而基于羟基自由基的间接氧化没有选择性。臭氧分子可以选择性地氧化含有 C═C 不饱和键的化合物，一些特定的官能团（如—OH、—CH₃）。带吸电子基（如—NO₂、—COOH 等）的芳香族化合物与臭氧反应速度慢，而此时，臭氧主要进攻芳香族的间位。臭氧分子可汇总带有负电的氧原子攻击那些含有吸电子基团的碳原子，或进攻一些阴离子（如 N、P、O、S 的离子）。

1.1.2 酚类内分泌干扰物的危害及去除技术

1.1.2.1 酚类内分泌干扰物的危害

2，4- 二氯苯酚（2，4-DCP）、壬基酚和双酚 A（BPA）等酚类内分泌干扰物（phenolic end ocrine disruptors，PEDs）具有环境持久性、生物累积性、高毒性、长距离迁移能力等重要特征。PEDs 在大气、土壤、水环境中大量富集，并经过某些环节进入人和动物体内，最终在其血液中循环积累，进而对个体的生殖、发育和性行为等产生多方面的影响。随着工农业生产规模的扩大和发展，PEDs 对人类和动物造成的危害愈加严重，如引起人类和动物生殖系统、免疫系统和神经系统等发生病变，致使其生殖功能下降、免疫力低下、神经系统受损和内分泌紊乱，此外还可诱发恶性肿瘤。PEDs 已被美国和欧盟组织列入最难降解和需要优先治理控制的有机环境内分泌干扰物清单。

近年来，随着酚类精细化工原料抗氧化剂、灭螺剂、农药等在工农业生产中的广泛使用，PEDs 的污染愈加严重。目前，科研工作者已经在职业接触者血清、食品、环境水样和河流底泥中检测到了 PEDs 的存在。与此同时，多种 PEDs 的雌性激素活性也得到了充分的证实。Handan（韩丹）等发现，2，4-DCP 会改变鱼和兔子内分泌系统的正常功能。Genovese（基诺维斯）等的研究表明，人体内的壬基酚和辛基酚含量高于 40 μg/g 时，将会引起急性的雌激素响应。Coleman（科尔曼）等证明，双酚 A 可以与雌激素受体结合，产生类雌激素效应。

1.1.2.2 酚类内分泌干扰物的去除技术

PEDs 一般具有范围广、浓度低且污染源长期存在的特点，传统去除技术一般难以有效将其去除。目前，常见的 PEDs 的废水处理技术包括吸附分离法、化学氧化法（催化氧化、电化学氧化和臭氧氧化）、液 – 液萃取法、微生物降解法和化学絮凝法等。

1. 吸附分离法

吸附去除法由于操作简单、成本低廉和不产生二次污染，已成为去除环境水体中污染物最常用的方法之一。活性炭是应用比较广泛的一类吸附剂，但其高成本和易产生残留的缺点也促使科研工作者研发性能更为优越、价格更为低廉的吸附剂，如合成的改性黏土矿物、活化的下水道淤泥和生物吸附剂等。Fan（凡）等将水生植物珍珠菜的秸秆加工为活性炭，经磷酸活化后的活性炭对 5-TCP 显示出了优越的吸附性能。如 Hameed（哈米德）等利用椰子壳纤维制备了活性炭，研究了该活性炭对 2，4，6- 三氯苯酚的吸附 / 解吸附性能，解脱率高达 99.6%。Demirak（德米拉克）等研究了波西多尼亚海草对 2，4-DCP 的吸附平衡、动力学性能和热力学性能。Zhou（周）等利用十八烷基二甲基苄基氯化铵改性了膨润土，利用改性的有机膨润土处理含有 10 mg/L 2，4-DCP 的工业废水的去除率高达 92%。该方法利用多孔吸附剂的高比表面积将废水中的污染物通过吸附或过滤而去除。

2. 化学氧化法

化学氧化法的基本原理是利用一些氧化剂的强氧化性将水中的有机污染物氧化或降解而去除。目前使用得较多的高级氧化技术包括电化学氧化法、光化学氧化法、湿式催化氧化法、超声化学氧化法和光化学催化氧化法等。Chu（楚）等利用阳极氧化技术，以钛基氧化电极降解了水溶液中的 2，4-DCP。Bistan（比斯坦）等利用湿式催化氧化法在 230 ℃、10 MPa 氧气压强和 Ru/TiO_2 催化剂作用下，催化氧化了水溶液中的 BPA。Wang（王）等考察了影响铈–壳聚糖–PbO_2 电极氧化降解水溶液中 2，4-DCP 的因素，如初始浓度、介质的 pH、应用的电流密度和支持的电解质等。Wang（王）等利用调节 pH 的水热法制备了不同形貌的 Bi_2WO_6 催化剂，并用于在可见光下降解 BPA。其结果显示，在 0.1 g Bi_2WO_6、pH 为 10、降解时间为 30 min 的条件下，溶液中 20 mg/L BPA 的降解率达 100%。

3. 液–液萃取法

液–液萃取法的基本操作是在液体混合物中加入与其不相混溶（或稍相混溶）的选定的溶剂，利用其组分在溶剂中的不同溶解度而达到分离或提取目的。液–液萃取法是一种有效的分离技术，广泛用于分析科学和化学工业。Deng（邓）等利用三己基（十四）膦酰氯和三氯化铁合成了室温磁性离子液体 $[3C_6PC_{14}][FeCl_4]$，并成功用于 2-氯酚、4-硝基酚和 2，4-DCP 的萃取分离，萃取后 $[3C_6PC_{14}][FeCl_4]$ 可用磁铁回收并多次再生。Jiang（江）等考察了用醇、多种胺和有机酸萃取废水中的高浓度苯酚的效果。在传统液–液萃取过程中，可能存在着因有机溶剂的溶解和夹带而流失到水相，造成二次污染的情况，溶剂再生也对去除过程的经济性和可靠性产生重要的影响。常规选定的溶剂必须有好的热稳定性和化学稳定性，并有小的毒性和腐蚀性，其中最常见的是室温离子液体。Wang（王）等将构建的 1-丁基–3-甲基咪唑四氟硼酸盐–磷酸二氢钠（$[Bmim]BF_4$–NaH_2PO_4）组成的双水相体系用于水溶液中痕量氯酚（如 4-氯酚、2,4-DCP 和 2,6-DCP）的萃取分离，效果让人满意。

4. 微生物降解法

微生物降解法是指利用微生物本身的新陈代谢作用，使有机污染物在细胞内被氧化或降解的方法。微生物降解法常用的微生物可分为需氧型和厌氧型。需氧型微生物利用所需降解的污染物作为营养源进行需氧代谢，从而实现有机污染物的降解；厌氧型微生物则利用自身的新陈代谢，实现有机污染物的降解，并生成甲烷和二氧化碳。Gaitan（盖坦）等将白腐菌培养的胞外漆酶用于 2, 4-DCP、2- 氯酚、6-TCP 和五氯苯酚混合液 4 种 PEDs 的降解。在最优化条件下降解 4 h，4 种 PEDs 的降解活性分别为 100%、99%、82.1% 和 41.1%，且五氯苯酚混合溶液的毒性降低了 90%。

5. 化学絮凝法

化学絮凝法常被用于辅助富集或去除中等浓度（10 ～ 1000 mg/L）的目标污染物。化学絮凝的基本原理是，先将阳离子表面活性剂（如十二烷基磺酸钠）或 α- 烯基磺酸盐与铝盐混合，两者结合形成电中性的胶束，胶束粒子捕获目标污染物后形成絮状物沉降，从而达到去除的目的。Talens-Alesson（塔伦斯·阿莱森）等将铝离子配合物引入苯甲酸胶束表面，当胶束接触到苯酚分子时，随着铝离子与苯酚分子作用的增强，苯酚分子在胶束内的溶解性也增强，从而显著提高了苯酚分离效果和絮凝效率。

6. 膜分离法

膜分离法用于常规污水中有机污染物的处理，其优点是出水水质好、费用低，也能有效去除 PEDs，缺点是清洗困难且废水中的酚类含量过高时易使膜失效。Liu（刘）等将活性炭纤维（ACF）、壳聚糖（CTS）和二氧化钛（TiO_2）包覆在涤纶布上制备 CTS/ ACF/ TiO_2 合成膜，并结合低压膜分离过程连续吸附、催化氧化脱除了水溶液中微量（1 ～ 50 mg/L）的 2, 4-DCP。

1.1.3　抗生素的危害及去除技术

1.1.3.1　抗生素的危害

抗生素是由微生物或高等动植物在生活过程中所产生的具有抗病原体或其他活性的一类次级代谢产物。临床常用的抗生素包括 β- 内酰胺类、氨基糖苷类、大环内酯类、林可霉素类、多肽类、喹诺酮类、磺胺类、抗结核药、抗真菌药及其他抗生素。抗生素已经成为最广泛使用的一类抗菌药物，被应用于人类、动物疾病的预防和治疗，并作为动物生长促进剂添加到动物饲料中。在生物代谢过程中，绝大部分抗生素以药物原形随粪便和尿液直接排出体外，最终进入环境，成为环境中潜在新型污染物。空气、土壤和水中的有毒污染物对环境的严重威胁正逐渐成为全球性问题。目前国内外已有关于在土壤、水体等环境样品以及食品样品中检测到不同浓度抗生素的诸多报道。残留在环境和食品样品中的污染物虽然可能只是痕量水平，但由于其本身具有较强的生物反应活性、持久性及难生物降解性等特点，所以这些污染物会对人类和水生生物、陆生生物产生长期性的潜在危害。由于环境和食品样品中基质复杂、待测物含量低，因此如何从复杂体系中有效识别和分离痕量抗生素等污染物是一个亟待解决的问题。常用的固相萃取剂普遍存在热稳定性差、选择性差、吸附容量小、平衡时间长等缺点，因此探索新的固相萃取剂、提高分离效率和选择性、降低能耗和成本是目前非常活跃的研究领域。

一直以来，世界各国包括我国在内过度使用抗生素的状况非常严重，在地表水、地下水、海水、饮用水和城市污水中均检测到了抗生素的存在。水体中抗生素的长期存在给生态系统和人类健康带来严重危害。其危害主要体现在以下方面。①细菌耐药性的增强：抗生素的过度使用将促使细菌产生能够抵抗各种抗生素的菌株，这些具有抗药性的菌株给人类和动物健康带来严重威胁。②对水生生物生存、生长产生不良影响：水体中抗生素的存在对生活在其中的水生生物具有一定的毒性，严重影响水生生物的生存、生长甚至导致其死亡，破坏水体生态系统平衡。③对水体中微生物产生毒性：水体中存在的抗生素会改变环境微生物的组成及活性，导致水体中微生物体系的生态结构发生改变，这一改变将会带来严重的后果。④致使人体免疫力降低：水环境存在的抗生素必然会进入人们的食物和饮用水中，人类长期食用含有抗生素的食物和饮用水会导致人体免疫系统免疫功能的下降。

1.1.3.2　抗生素的一般去除技术

目前，常见的抗生素废水处理技术主要分为物化处理技术和生物处理技术两种。通常先采用物化法对废水进行前处理，再进入生化处理单元。废水处理过程主要包括吸附、氧化和生物降解等方法。

（1）吸附法是抗生素废水处理中比较重要的方法之一，较适用于处理合成、半合成抗生素废水，并可以将吸附的抗生素回收利用。吸附分为物理吸附和化学吸附两种：物理吸附主要是利用物质之间的范德华力作用；化学吸附，是某些物质对特性物质的专一吸附过程，吸附过程一般是氢键主导，属于单分子层吸附。常用于净化废水的吸附剂有碳材料、天然矿物、高分子材料等。相会强等采用改性粉煤灰对抗生素废水进行除磷和脱色试验，考察了pH、粉煤灰投量、改性方法等因素对处理效果的影响。实验结果表明，用酸处理后的粉煤灰对抗生素废水中的磷和色度具有较好的去除效果。

　　与生物法和化学氧化法相比，吸附过程中目标物质并不发生化学转化，其具备的显著优势在于：能耗低、操作简便、效率高、投资费用低、不产生二次污染、不会带来毒性更大或更难降解的污染物。吸附法的关键在于吸附剂的选择。目前国内外学者研究用于抗生素污染物处理的吸附材料主要有天然矿物、沸石、金属及其氧化物、硅基、碳素材料、高分子聚合物及其复合材料等。其中最引人注意的是碳素材料吸附剂，如活性炭、介孔碳、生物质炭、碳纳米管和（氧化）石墨烯等。碳素材料由于具有耐酸碱、机械稳定性高、热稳定性好、导电性良好、比表面积高及孔体积大等特点，是最为理想的吸附剂之一。Zhu（朱）等系统地研究了多壁碳纳米管、单壁碳纳米管、活性炭和石墨吸附移除水环境中四环素分子，提出四环素分子与石墨烯表面形成强吸附作用的机理主要为范德华力作用和阳离子–π键作用，对碳材料吸附分离水体中抗生素的研究具有指导意义。Peng（彭）等以SBA–15为模板，沥青树脂为碳源，制备石墨化介孔碳，对环丙沙星吸附性能进行综合评估，吸附量达到 267.87 mg/g。Su（苏）等利用氧化石墨烯吸附四环素分子，单分子层最大吸附量为 313 mg/g。

　　（2）氧化法主要是利用一些氧化剂的强氧化性将废水中的抗生素物质氧化为其他无毒无害的物质，以达到去除目的，其中高级氧化法的研究最多。高级氧化技术是指通过化学或物理化学的方法，使水体中的污染物直接矿化为 CO_2、H_2O 和其他无机物，或者将污染物转化为低毒、易生物降解的小分子物质。高级氧化过程中能够产生大量羟基自由基，羟基自由基能够催化氧化环境中的污染物，将有机污染物氧化为无机物或转变为易降解的其他有机物中间体。高级氧化技术具有效率高、范围广、无二次污染和降解完全等优点。高级氧化技术主要包括化学氧化法、芬顿法、光催化氧化法和半导体光催化技术等。

　　化学氧化法是一种通过各种氧化剂产生的活性自由基氧化分解环境中的

各种有机污染物的方法。常用的氧化剂包括臭氧、过氧化氢、二氧化氯、高锰酸钾等。氧化剂对有机污染物的处理效果与氧化体系中氧化剂的投入量、pH、反应时间、温度等因素密切相关。

芬顿法是利用具有很强氧化能力的芬顿试剂（过氧化氢和 Fe^{2+}）实现对有机污染物的氧化分解。研究表明，芬顿法能够有效地降解抗生素并且能够降低抗生素的生物学毒性。类芬顿法是将 UV 光引入反应体系，可有效增加体系的氧化能力，提高氧化分解效率。芬顿法和类芬顿法具有成本低、原料易得、过程无毒等优点，其已被应用于抗生素废水处理过程，其氧化活性受过氧化氢浓度、体系 pH、温度等因素的影响。Santos（桑托斯）等利用芬顿法氧化分解诺氟沙星抗生素，在 60 min 内可以氧化分解 60 % 的诺氟沙星。

光催化氧化法是通过人造光源或自然光的作用实现有机污染物氧化分解的过程。光催化氧化的效果受污染物对光谱吸收能力、光照强度和频率、氧化剂的加入量及污染物浓度等因素的影响。光催化氧化法对含抗生素废水的去除效率较低，目前该方法主要用于对含光敏污染物以及低 COD 值的河水和饮用水的处理。

半导体光催化技术具有降解速率快、降解彻底、无毒和不产生有毒副产物的特点而受到人们的普遍关注。其作用机理如下：半导体光催化剂在人造光源或自然光的作用下，吸收能量而被激发产生光生电子和空穴，产生的光生电子和空穴会与水或氧气发生一系列化学反应，生成具有强氧化性的超氧阴离子和羟基自由基等，这些自由基和空穴能够有效地去除环境中的有机污染物。Balcioglu（巴尔乔卢）等采用 O_3–H_2O_2 氧化技术在均相反应中处理废水中微量头孢菌素类抗生素残留物。Xie（谢）等采用光催化氧化法，对头孢菌素类抗生素的废水进行处理。研究结果表明，去除率受催化剂用量、光照时间、废水初始浓度和 pH 影响较大，混合使用 ZnO 与 TiO_2 光催化处理效果优于单独使用 ZnO 或 TiO_2 的处理效果。

（3）大多数抗生素药物都可以通过生物降解作用而去除，其降解速度受药物本身的理化性质、环境温度、pH 等条件影响较大。Jiang（江）等研究用微生物降解头孢菌素类抗生素。研究表明，水环境中厌氧微生物对头孢菌素类抗生素的降解率低于好氧微生物，且头孢菌素类抗生素的非生物降解率在有氧和厌氧条件都很低，说明生物降解在头孢菌素类抗生素消除中起主导作用。生物降解法具有处理条件温和、成本低、微生物易于驯化培养和可强化等特点。其中，活性污泥法是一种行之有效的生物处理方法，对各种废水有广泛的适用性，运行方式灵活多样，可操控性强，但对高浓度、毒性较强的污染物处理能力较弱。

1.1.4 重金属的危害及去除技术

1.1.4.1 重金属的危害

环境中的持久性污染物毒性大、难生物降解，对生态环境和人类身体健康存在着潜在的威胁，而重金属就是一类非常重要的持久性污染物。重金属通过影响水生植物的细胞膜通透性、物质代谢、光合作用和呼吸作用等，使其核酸组成发生变化，进而使其细胞体积变小，生长受到抑制等。另外，重金属还有毒性，如果超过排放标准的污水排放到水体中，重金属将经过植物、动物富集，若在人体中长期积累，可造成儿童畸形，影响其正常生长。对环境中的持久性污染物的去除以及痕量持久性污染物的测定尤为重要。但环境中持久性污染物具有超低浓度特性，基质成分又复杂，直接利用仪器测定它们一般很困难，需经过样品分离/富集后再利用分析仪器检测，因此预分离/富集持久性污染物显得十分必要。

1.1.4.2 重金属的去除技术

对于环境样品中金属污染物的测定常需要进行预分离/富集。分离/富集不仅可提高待测微量/痕量组分的检测限，还可以提高化学分析和仪器分析结果的精密度、准确度，扩展仪器分析的应用领域。随着科学技术的进步，各种方法互相渗透，经典的分离/富集技术不断完善，新材料、新技术、新方法也不断涌现。

1. 沉淀法

沉淀法是在样品溶液中加入适当沉淀剂，利用沉淀反应，使被测组分沉淀出来或将干扰组分沉淀出去，从而达到分离目的。该方法的优点是操作简单、成本低，缺点是分离不彻底，不适合痕量及超痕量组分的分离。Vasconcellos（瓦斯康塞洛斯）等运用均相沉淀技术从稀土中成功分离出铱。

谢素原和边归国在弱酸介质中，使 Bi^{3+} 与 S^{2-} 形成难溶于水的 Bi_2S_3 而将其从溶液中分离 / 富集出来，经 HNO_3 溶解后，直接用原子吸收法测定铋，方法简单快速。该方法可用于钢铁废水及污染水中微量锡的分析。

2. 共沉淀法

共沉淀法是在 20 世纪 60 年代发展起来的，它是指在溶液中加入沉淀剂和少量金属离子（称为载体），通过共沉淀载体在沉淀过程中进行吸附和混晶等作用，使痕量甚至超痕量的分析物与载体一起从溶液中析出而达到分离 / 富集的目的。共沉淀法与具有高选择性的固体进样仪器的结合使富集倍数极大地提高而被用于超痕量分析。新的共沉淀捕集剂（如金属氢氧化物）的不断涌现使该方法具有不需有机试剂、易于离心分离以及回收率高等优点而获得广泛应用。许多性能优良的有机沉淀剂至今仍广泛应用于共沉淀分离富集中，如二乙基二硫代氨基甲酸盐（DDTC）、8- 羟基喹啉和 1-（2- 吡啶偶氮）-2- 萘酚（PAN）。胡晓斌将水样中痕量铅（Ⅱ）及镉（Ⅱ）通过用 2- 巯基苯并噻唑与铜（Ⅱ）所生成的沉淀作载体从 pH 9.0 的氨性缓冲溶液中共沉淀。用离心法将沉淀从溶液中分离后再溶于稀硝酸中，按所选定的分析条件用石墨炉原子吸收光谱法测定其中铅（Ⅱ）和镉（Ⅱ）元素的含量，并测定了 3 种水样中痕量铅（Ⅱ）及镉（Ⅱ），结果令人满意。

3. 离子交换法

离子交换法是金属离子与离子交换树脂发生离子交换的过程，其实质是不溶性离子化合物（离子交换剂）上的可交换离子与溶液中的其他同性离子的交换反应，是一种特殊的吸附过程，通常是可逆性化学吸附。离子交换剂种类很多，主要分为无机和有机两大类。在分析化学中，应用较多的是有机离子交换剂。根据树脂中存在的可交换活性基团的不同，离子交换树脂分为阳离子交换树脂和阴离子交换树脂。离子交换树脂的吸附主要靠静电引力，所以能被阳离子树脂吸附的是络离子中带负电的络阴离子，且带负电越多的络阴离子吸附势就越大。阳离子交换树脂一般有磺酸基（—SO_3H）或苯酚基（—C_6H_4OH）等酸性基团，其中的 H^+ 能与溶液中的金属离子或其他阳离子进行交换。阴离子交换树脂含有季胺基 [—$N(CH_3)_3OH$]、亚胺基（—NH—）等碱性基团，它们在水中能生成 OH^-，可与各种阴离子进行交换。离子交换过程是可逆的，用过的离子交换树脂一般经过适当浓度的无机酸或碱洗涤，可恢复到原状态而重复使用。用离子交换树脂分离 / 富集金属离子操作简单、成本低。

4. 液 - 液萃取法

液 - 液萃取是一种操作简单、应用普遍的分离 / 富集方法。这种方法以分配定律为原理，利用与水不相溶的有机试剂同试液一起振荡，使一些组分进入有机相，另一些组分仍然在水相，从而达到分离目的。近些年发展了几种新型液 - 液萃取方法。

离子液体作为绿色溶剂，近年来被广泛应用。离子液体也被称作室温熔盐（通常熔点 < 100 ℃），它是一种在室温下完全由离子组成的液体物质。与常见有机溶剂相比，其液态温度范围更广（可达 300 ℃）、蒸汽压更低，稳定性高、不易挥发、不易燃烧，且对有机物、无机物有较好溶解性能，密度大，与许多溶剂不能互溶。由于这些优越的理化性能，离子液体常常被作为有机溶剂的替代物用于液 - 液萃取。Dietz（迪茨）等通过加入酸性硝酸盐从二环乙基酮 -18- 冠（醚）-6（$DCH_{18}C_6$）把 Sr（Ⅱ）转移到了基于 1- 烷基 -3- 甲基咪唑室温离子液体中，转移过程中 Sr（Ⅱ）与冠醚形成的阳离子与离子液体中的阴离子交换，实现了 Sr（Ⅱ）的转移。Dietz（迪茨）等在硝酸溶液中，将铀酰基先与磷酸三丁酯（TBP）形成络合阳离子 $UO_2(TBP)_2^{2+}$，络合阳离子再与离子液体 N，N′- 二烃基咪唑的阴离子（$Cnmim^+Tf_2N_{org}^-$）形成 $UO_2(TBP)_2(Tf_2N^-)_{2org}$，达到分离水相中铀的效果。

5. 液膜法

液膜法以物理化学、有机化学和生物化学理论为基础，吸收了溶剂萃取法的优点，具有快速、高效、选择性好、节能等特点。液膜分离体系由外相、内相和膜相三部分组成。通常将含有被分离组分的料液称为外相，接受被分离组分的液体称为内相，而处于两者之间的成膜的液体称为膜相。膜溶剂是液膜的主体，一般选用煤油作膜溶剂。表面活性剂是液膜的主要成分之一，决定了液膜的稳定性，并且对组分通过液膜的迁移速率有显著影响。流动载体的作用是快速、高效地传输指定的物质。Kozlowski（柯兹洛瓦斯基）等通过 Co-60、Sr-90、Cs-137 在三乙酸纤维素膜上的竞争迁移，从 0.1 mol/L NaNO_3 溶液中分离了三种放射性同位素，同时考察了有机磷酸化合物 D_2EHPA、Cyanex 272、Cyanex 301、Cyanex 302 对 Co-60、Sr-90、Cs-137 的离子运载能力。实验结果显示，D_2EHPA 作为离子流动载体和增强添加剂时，膜对离子的选择性顺序为 Co（Ⅱ）>Cs（Ⅰ）>Sr（Ⅱ）；Cyanex 272 和 Cyanex 302 对三种离子的亲和能力顺序为 Cs（Ⅰ）>Sr（Ⅱ）>Co（Ⅱ）；随着离子运载剂的 pK_a 值增大，Co（Ⅱ）渗透系数线性减小。Ambe 等采用 2- 乙基己基膦酸 -2- 乙基己基脂对 REEs 进行膜萃取，详细考察了样品 pH 和萃取时间对分离效果的影响，在优化条件下回收率达到 90%。

6. 浊点萃取

当温度升高或降低时，一些非离子表面活性剂的水溶液会变混浊，产生混浊的温度称为浊点。在浊点以上或以下，溶液就分成两相，体积小的一相是表面活性剂相，体积大的一相是水相，借此可实现痕量组分的分离富集。浊点萃取法具有安全、富集倍数高等优点，因而获得广泛应用。Ohashi（大桥）等通过对比研究加入 2- 乙基己基膦酸（HDEHP）前后，Triton X-100（主要成分为聚乙二醇单 - 对 - 异辛苯醚）对 Ln（Ⅲ）[如 La（Ⅲ）、Eu（Ⅲ）和 Lu（Ⅲ）] 的萃取过程，考察了 pH、离子强度、HDEHP 浓度对浊点萃取效果的影响。研究结果表明，使用 3.0×10^{-5} mol/dm³ HDEHP 和 2.0%（V/V）Triton X-100 时，Ln（Ⅲ）萃取率在 91% 以上。萃取机制为 Ln（Ⅲ）与 HDEHP 生成 Ln（DEHP）$_3$ 配合物转移到表面活性剂相中，实现分离。

1.2　生物质炭在持久性污染物去除中的应用

生物质炭指在缺氧或限氧条件下对生物质进行高温裂解处理后产生的富磷固体物质，同时伴随着可燃气体和生物油的产生，具有成本低、环境相容性好等特点，可作为替代能源、土壤改良剂、环境修复剂等广泛应用于各个领域。生物质炭根据生物质来源的不同，可以分为小麦秸秆炭、花生壳炭、椰壳炭、动物粪便炭、竹炭等。生物质炭由有机碳、其他微量的矿物质和无机碳酸盐组成。未经改性的生物质炭因其含有一定量的灰分而呈现碱性。生物质炭的表面具有大量的极性官能团，如酚羟基、内酯基、羧基等。此外，生物质炭是多孔结构，具有较大比表面积和发达孔隙结构。同时，生物质炭含有的多种化学官能团使其能显示出亲水、疏水、酸性等多种性质。

在大自然中，因生物质燃烧不充分形成的生物质炭广泛存在，其本质属于黑炭。农业废弃物或残渣、动物粪便、城市污泥等生物质原料，都是可用的低成本原料。生物质原料的性质和裂解温度不同，形成的生物质炭的理化性质也就不同。以植物为原料的生物质炭（如木质生物质和果壳）通常具有较低的营养成分，这种低营养物含量在某种程度上是由于裂解过程中氮的损失和原料自身较低的初始灰分含量以及灰分组成造成的。而动物粪便是一种养分丰富的原料，粪便裂解产生富含养分的生物质炭。裂解温度对生物质炭性质的影响较大，一般裂解温度小于 700 ℃。生物质炭中 C 元素的含量在 70% 以上，此外，还含有 H、N、O、S 等元素。生物质炭主要为酚类、吡喃、羧酸及其衍生物和烯烃类的衍生物等成分较复杂的有机碳的混合物，芳香结构和烷基是其最主要的成分。生物质炭中还有大量的 K、Ca、Na、Mg 等元素。生物质炭的孔隙结构发达，有较大的比表面积和高度的稳定性等独特的理化性质。由于不同原料的性质不同，从含矿物质较少的木质材料到富含矿物质的肥料或作物残余物（如稻壳、麦秆等），生物质炭的 pH 范围为 4 ～ 12。对于所有的原料，它们的 pH 随着裂解温度的升高而增大。Yuan（袁）等对几种秸秆类生物炭进行红外光谱研究，发现炭表面含有大量 —COOH、—OH 等含氧官能团，这使生物质炭呈碱性，具有疏水性质，并对酸、碱有一定的缓冲作用。此外，含氧官能团的存在使生物质炭表面带有负电荷，使其与阳离子交换的能力（cation exchange capacity，简称 CEC）较高。生物质炭的这些性质使其成为良好的吸附剂用以去除水体、土壤中的各类污染物。生物质炭因其原料成本低、孔隙结构发达、比表面积较大、表面具有大量的极性官能团（如酚羟基、内酯基、羧基等）、稳定性高等特点，而被广泛应用于多个领域。

1.2.1　生物质炭对持久性污染物的吸附

1.2.1.1　吸附 / 联附作用机制

生物质炭由于具有优异的理化性质，可作为一种高效的环境吸附剂应用于水体修复；还可以施加到土壤中，调节土壤 pH，增加土壤的阳离子交换容量，改善土壤团聚体结构，增强土壤肥力。进入自然环境中的生物质炭可以通过吸附作用与环境中的有机污染物、重金属等相互作用，从而影响污染物的环境行为和生物毒性。吸附是一个复杂的过程，而环境中往往是多种有机污染物同时存在，不同有机污染物在生物质炭上可能产生竞争吸附。与吸附同时发生的还有脱附，有机污染物在生物质炭上的脱附行为是其吸附行为的逆过程。通过脱附作用可以将吸附在生物质炭上的有机污染物洗脱下来，使生物质炭再生以重复利用。

生物质炭表面的官能团（如—OH、—SH、—COOH、—NH$_2$等）通常带有较强的电负性，能与有机化合物中具有强极性的基团形成氢键作用。Yang（杨）等通过多元溶剂化能量关系分析，证实了高温竹屑生物质炭吸附芳香性有机化合物过程中存在氢键作用，且不同有机化合物的氢键作用对吸附的贡献不同。有学者认为，生物质炭表面极性官能团与吸附质之间存在氢键作用，但水溶液中的水簇与官能团之间的氢键作用更强，容易导致吸附剂表面的微孔被堵塞。

1.2.1.2 吸附模型

生物质炭对有机污染物的吸附是一个动态平衡的过程。吸附在恒定温度条件下达到平衡时，生物质炭对有机物的吸附量与溶解在水中的有机污染物平衡浓度之间的关系可以通过吸附等温线来表达。吸附等温线可以用吸附模型拟合，并通过理论模型分析吸附行为及机制，获得吸附参数。目前，研究生物质炭对有机污染物吸附行为常用的模型有线性分配模型、Langmuir 模型、Freundlich 模型、双模式模型等。

1.2.1.3 生物质炭吸附有机污染物的影响因素

1. 生物质炭性质对吸附的影响

由植物木质组织、农作物秸秆、动物粪便、活性污泥和生物高聚物等制备的生物质炭，其比表面积、孔径分布、孔容、极性、芳香性等存在较大差异，会不同程度地影响吸附作用。高温生物质炭由许多石墨薄片交错堆叠而成，具有丰富的孔隙结构，对吸附作用具有重要影响。由于孔填充作用受到有机化合物分子尺寸和微孔直径相对大小的影响，有机化合物的吸附量不能从比表面积这单一因素来预测。Freundlich 模型拟合参数在一定浓度下与生物质炭的微孔体积和中孔体积呈多元线性正相关，且微孔体积的贡献占比较大，表明吸附作用受吸附剂孔径分布的影响。孔填充作用已被证实是多孔碳材料（如活性炭和高温生物炭）吸附有机化合物的重要机制，一方面生物质炭微孔数量的增加会使吸附亲和力增强，另一方面空间位阻效应会限制大分子有机化合物进入孔隙中。

此外，有机污染物在生物质炭上的吸附行为受到生物质炭表面化学性质的显著影响，生物质炭的芳香性是影响其对有机污染物吸附行为的重要因素。有学者研究了三种温度下制备的松木生物质炭对磺胺甲恶唑和磺胺吡啶的吸附行为，发现用比表面积标化后的吸附亲和力与生物质炭的石墨化程度呈正相关关系。

2. 有机物性质对吸附的影响

有机污染物的理化性质（如分子尺寸、表面官能团、极性、溶剂化参数）对生物质炭吸附作用具有重要影响。有学者研究了小麦秸秆在 300 ~ 700℃制备的生物质炭对硝基苯和苯的吸附作用，发现生物质炭对极性有机化合物（硝基苯）的亲和力强于对非极性有机化合物（苯）的，这主要是由于极性有机化合物与生物质炭表面的极性官能团更容易产生非特异性作用力。

3. 环境条件对吸附的影响

pH 是影响有机污染物在生物质炭上的吸附行为的重要因素之一。可离子化有机污染物在溶液中的存在形态随溶液 pH 的不同发生显著变化，进而影响其在生物质炭上的吸附行为。一些含有—NH_2、—COOH 等酸碱基团的新型有机污染物，如磺胺嘧啶、四环素、双酚 A 等，容易发生质子化或去质子化作用而产生电性，从而与生物质炭表面的官能团发生静电作用和氢键作用。溶液的 pH 会直接影响有机物分子官能团的解离过程。共存离子、温度、溶解性有机质的含量也会影响生物质炭对有机污染物的吸附作用。有学者研究了 Cu^{2+} 对木炭吸附有机污染物的影响，发现 Cu^{2+} 会抑制生物质炭对极性和非极性有机污染物的吸附。由于 Cu^{2+} 与生物质炭表面官能团具有较强的亲和力，会与有机污染物分子竞争生物质炭表面吸附位点而抑制有机污染物分子在生物质炭上的吸附。当胡敏酸和金属阳离子同时存在于有机溶液中时，胡敏酸对有机污染物的吸附作用及金属阳离子与有机污染物之间的络合作用会促进生物质炭对多氯联苯的吸附。

1.2.2　生物质炭对水体重金属的吸附

生物质炭具有比表面积大、机械强度大、成本低廉及热稳定性好等优势。然而，不同制备原材料、炭化条件以及技术工艺等参数会使生物质炭在理化性质上展现出多样性，主要体现在比表面积、持水性、pH、表面结构、灰分含量等方面。有研究表明，生物质炭在修复环境重金属污染方面具有非常大的潜力。多年来，人们已经在利用生物质炭吸附水体重金属的研究上取得了诸多成效。有研究表明，以竹子为原料制备的竹炭能较好地吸附水体中的 Cr、Cu、Hg、Ni、Cd 等重金属。此外，以动物的粪便为原材料制备的生物质炭能较好地固定 Cu、Cd、Ni、Pb 等重金属。利用松木、甜菜渣、水稻秸秆和硬木制备的生物质炭均能较好地吸附污水中所含有的重金属离子。以牛粪、稻壳、松木和番木瓜种子制备的生物质炭能够较好地吸附 Pb，而利用亚麻纤维束及茶叶树制备的生物质炭对 Cu 具有很好的吸附效果。

1.2.3　生物质炭对水体抗生素的吸附

随着养殖业的迅速发展，大量的兽药抗生素被使用。抗生素随畜禽粪便进入环境中，并随地表径流而迁移，对环境的污染日趋严重。生物质炭丰富的表面官能团使其对极性和非极性抗生素具有很强的亲和力，而生物质炭吸附抗生素已成为当前有机污染物吸附的研究热点。已有研究发现，木薯渣制备的生物质炭能够有效地吸附诺氟沙星，制备温度越高，对应的木薯炭吸附效果就越好，其反应机理包含氢键、静电反应、离子交换等。研究发现，可利用玉米秸秆制成生物质炭对土霉素进行吸附，且吸附作用显著，但吸附受溶液酸度影响，吸附过程包括金属桥、电子作用、静电反应及络合反应在内的反应机制参与。利用市政污泥制备的生物质炭对氟喹诺酮类抗生素的吸附的研究发现，污泥炭具有高吸附性能，其最高吸附量约为 19.8 mg/L。综上所述，关于生物质炭对抗生素的吸附已有研究，且往往可以通过改性优化生物质炭的功能，增强其对抗生物的吸附效率及容量。

1.3　多孔碳材料在持久性污染物去除中的应用

1.3.1　多孔碳材料概述

根据国际纯粹与应用化学联合会（International Union of Pure and Applied Chemistry，IUPAC）的定义，多孔材料可根据材料孔径大小分为 3 种类型：微孔（micropore），孔径小于 2 nm；介孔（mesopore），孔径在 2 ~ 50 nm；大孔（macropore），孔径大于 50 nm。目前，对微孔、介孔、大孔碳材料的研究取得良好的进展，广泛应用于医药、能源等领域。然而，许多研究表明，单一孔尺寸的碳基材料无法满足特殊应用的需要，因此多级孔碳材料的开发应运而生。

多级孔碳材料（hierarchical porous carbon material，HPCM）是一类将两种（或多种）孔道相互联结，构筑形成多维互通网络的新颖结构碳材料。目前有关的研究主要集中在微－介孔、大－介孔、大－双介孔、微－介－大孔以及同一级共筑孔结构。多级孔碳材料兼具单一孔材料的性能和多级孔隙结构发达的优势，展现出优异的综合性质。例如，SBA-15 传统的介孔材料，由于嵌段聚合物插入介孔孔壁，煅烧去除模板剂后在孔壁留下大量微孔，但相对介孔，微孔量较少，且仍然表现出介孔材料特征，因而属于介孔材料。科技工作者历经多年的不懈努力，形貌、尺寸、孔径大小和分布、孔道结构、结晶性等理化性质可控的多孔碳新型材料层出不穷，相继被开发出来。合成方法和技术的不断发展和推陈出新，特别是简单合成方法的开发和利用，推动多孔碳材料的制备和应用快速发展。

1.3.2　多孔碳材料的制备

一般可以采用高温热解、物理或化学活化有机前驱体，如煤、木材、果壳或聚合物等来制备多孔碳材料。目前，已有许多文献报道用廉价生物质资源制备多孔碳材料，包括蔗糖、葡萄糖、环糊精、纤维素、淀粉或生物质炭等。Ahmed（艾洽迈德）等指出，几乎所有的含碳原料都可以用来制备多孔碳材料，但不同的原材料和活化方法所制备的多孔碳材料的性能也不相同。生物质在自然界中储量丰富，而且可再生、无毒性，因此引起科学家广泛的兴趣，成为制备多孔碳材料最理想的前驱体。近年来，利用农业副产品制备多孔碳材料受到许多研究者的关注。在控制条件下，可将这类废弃物通过热解转化为多孔碳材料。利用可再生农业废弃物，如玉米芯、榛果壳、椰子壳、甘蔗渣、桑树枝、橄榄核、洋麻纤维、稻子皮、花生壳、竹子、造纸污泥、开心果壳、菠萝皮等，作为前驱体制备多孔碳材料是一种较为经济的方法，能有效地将废物转化为可利用资源。制备多孔碳材料的方法多种多样，目前主要有活化法、模板法、直接碳化法和水热碳化法。

1.3.2.1　活化法

活化法是在惰性气体的保护下，加入不同的活化剂，在高温条件下对碳材料进行活化反应，提升孔隙结构，改善孔道结构，增大比表面积和孔体积，以提升其性能。先前研究结果显示，活化方式、活化剂种类、活化温度和时间、升温速率以及原料自身的性质都会对所制得的多孔碳材料的性质产生影响。

物理活化法主要以 H_2O、CO_2、空气及其混合气体作为活化试剂，一般反应温度为 $600 \sim 1\,200$ ℃。其中具有代表性的是 H_2O 活化法，其制备工艺较为简单，属于一种环境友好型方法。H_2O 活化法的原理是水蒸气与反应生成的 CO_2 气体会进入碳材料的内部，进一步与不稳定碳素发生反应，再以气体形式排出，故而形成丰富的孔结构。但该方法所得多孔碳材料的比表面积不是很大，其应用受到制约。同等条件下，CO_2 因其分子尺寸大于 H_2O 分子，在孔道内部扩散速率慢，与碳原子接触受到限制，因此活化反应速度会较 H_2O 慢。然而，CO_2 活化能够得到较大的比表面积和孔体积。研究发现，汽化剂对多孔碳孔隙的产生具有很大的影响。第一，蒸汽反应活性高，制备的多孔碳具有更大比表面积；第二，蒸汽活化过程中，介孔比例随着活化时间的增加而增加。蒸汽活化在初始阶段产生微孔、介孔和大孔，而 CO_2 产生高微孔率碳，仅通过增加活化时间就可以增加微孔率。

化学活化法中，常用的活化剂有 K_2CO_3、KOH、$ZnCl_2$、$NaOH$、H_3PO_4 和 $FeCl_3$ 等，活化剂既作为脱水剂，又充当氧化剂。活化剂与前驱体以一定的比例进行浸渍或研磨，随后在惰性气体保护，$500 \sim 900$ ℃温度下反应数小时，清洗产物获得多孔碳材料。其中，KOH 是目前使用最多的化学活化剂，效果也是最佳的，制得的多孔碳材料的比表面积可达 $3000\ m^2/g$，且可以活化各种类型的原料，如天然生物质前驱体（果壳、叶子、木屑、动物骨头、头发等）。石化类碳源（沥青、焦炭等）、人工合成聚合物（聚丙烯腈、酚醛树脂等）。碳纳米管、氧化石墨烯、介孔碳等等。Wang（王）等以生物质大麻纤维为原料，经过水热酸化处理 24 h，得到生物质炭，紧接着以 KOH 为活化剂，升温速率控制在 3.0 ℃/min，升温至活化温度（$700 \sim 800$ ℃），维持 1 h，制得系列碳纳米片（CNS）。该研究发现，在活化温度控制在 750 ℃时，得到的多孔碳材料的比表面积最大，达到 $2\,287\ m^2/g$。相对于物理活化，化学活化的一个重要优点是较低的处理温度和较短的处理时间。总的来说，化学活化法制备的多孔碳具有比表面积大、孔隙率可控的优点。

1.3.2.2 模板法

模板法，顾名思义就是利用模板材料来实现对孔道结构的调控，获得所需求的有序化结构和孔径均一的材料。最近，合成具有较窄孔径分布的有序多孔碳材料受到特别关注。模板导向合成法是合成具有可控结构和物理化学性能的多孔碳材料的一种有效方法。在模板法中，模板作为支架支撑着所用的前驱体物质。根据模板性质的不同，模板法大致可以分为软模板法、硬模板法和双模板法。

1. 软模板法

该方法中以表面活性剂或嵌段聚合物为模板，依靠模板分子与碳前驱体之间的相互作用力形成自组装体系，得到有序介孔聚合物，随之高温碳化去除模板剂的同时就得到有序介孔碳材料。组装体系的作用力较强，碳前驱体能形成交联网络结构且在高温下能形成稳固碳材料，软模板分子同步分解去除，是实现软模板介孔碳策略的三个关键因素。研究表明，阳离子表面活性剂，如十六烷基三甲基溴化铵不适用于软模板法，因为所制备的碳孔结构无序。科研工作者先后尝试将二嵌段聚合物用于制备介孔碳，然而都存在一定局限性，未能达到理想要求。Dai（戴）等尝试采用 PS-P4VP 组装间苯二酚，随后在甲醛蒸汽交联，高温煅烧得到介孔碳，这为后续研究提供了极大的启示。Zhao（赵）课题组在用软模板法直接自组装制备有序介孔碳方面做出巨大贡献。该课题组以三嵌段共聚物 F127 为软模板，与酚醛树脂预聚物通过 EISA（扩展工业标准结构）进行自组装，在 100 ℃低温聚合，高温碳化制得介孔碳材料。

2. 硬模板法

大量文献报道了通过硬模板法以不同的前驱体合成具有有序结构的多孔碳，可以制备出微孔、介孔、大孔以及不同尺度的多级孔碳材料。硬模板法合成多孔碳材料的基本流程：①选定合适的模板材料；②将碳源注入填充模板孔道中；③控制条件，进行高温限域碳化；④刻蚀移除所用的模板材料，得到多孔碳材料。该方法所得多孔碳材料的孔道结构性质受限于模板的结构。模板材料通常是微孔类（如沸石、黏土矿物、金属有机骨架）、介孔类（如 MCM-48、SBA-1、SBA-15、HMS 等）、三维胶体晶体模板、聚氨酯海绵以及有序氧化铝膜等，都显示出优异的模板复制效果。介孔硅大家族中的 SBA-15、KIT-6、MCM-41、HMS、MCM-48、FDU-1 等皆可用作硬模板。研究发现，不同孔结构的介孔硅、碳源种类以及工艺条件对产物的性质（如孔径尺寸、孔道结构、表面性质、结晶性）都起到非常大的影响作用。近年来，研究者以海绵为模板，以分散较好的氧化石墨烯浸渍海绵达到饱和，再烘干，石墨烯紧紧附着在海绵壁上，在惰性气体保护下高温煅烧移除海绵模板，得到比表面积高达 305 m^2/g 的三维多孔石墨烯材料。

3. 双模板法

双模板法通常是采用硬、软模板相结合来控制多级孔碳的结构。研究者以正硅酸乙酯（TEOS）和可溶性酚醛树脂为前驱体，三嵌段聚合物 F127 为软模板，采取挥发诱导三元共组装法，随后去除硅和 F127，获得的介孔碳比表面积达 2 470 m^2/g，孔体积达 2.0 cm^3/g，且介孔孔径尺寸较大，约为 6.7 nm。同时发现，调节 TEOS 的加入量和聚合程度可以控制孔道结构和组织，调节陈化时间可以实现双介孔（2.6 nm 和 5.8 nm）的成功合成，为发展多级孔碳材料提供了新的思路。

1.3.2.3 直接碳化法

利用有机盐如何能快速简便地得到高性能的多孔碳材料是一个亟待解决的课题。受热碱活化的启发，有报道以有机盐为碳源，加入活化剂利用一步法制备多孔碳材料。研究者以葡萄糖酸钠 / 钾 / 钙、柠檬酸钾 / 钠 / 钙和海藻酸钠 / 钙 8 种有机盐为碳源，得到的碳材料皆具有较大的比表面积和孔体积。研究结果显示，钾盐具备最好的活化效果，其产物以微孔为主，钠盐产物以介孔为主，钙盐起到介孔式模板作用。随后研究者又以柠檬酸钾为碳源进行细化研究，调控碳化温度，由于原位活化作用获得系列多孔碳纳米片，温度在 850 ℃时，产物的比表面积最大达到 2 200 m^2/g。

1.3.2.4 水热碳化法

水热碳化生物质是一种很有前景的合成碳基材料的方法。碳前驱体可以是单独的碳氢化合物，也可以是原始的植物材料，甚至可以是更丰富的农业废弃物和森林副产物。

基于所使用的温度，水热碳化可以分为低温水热碳化和高温水热碳化两种。低温水热碳化过程实施温度达到 250 ℃，是一种较为环保的方法，其中涉及几个化学转化过程。高温水热碳化过程中，为了合成一些特殊的碳质材料，如碳纳米管、石墨和多孔碳材料，需要实施高温高压。高温水热碳化过程所需温度一般为 300 ~ 800 ℃，明显超过一般有机物的稳定温度。高温水热碳化过程更适合用于合成不同的高比表面和高孔隙率的碳质材料。Salvador 等报道了采用高温水热碳化过程，用橡木和无烟煤为前驱体制备多孔碳材料。超临界水中的碳化过程比蒸汽活化拥有更高的气化率和更好的穿透炭孔结构的能力。

1.3.3　多孔碳材料在持久性污染物去除中的应用

环境问题是我国正面临并将长期存在的不可避免的难题，重金属、染料、酚类内分泌干扰物、农药、抗生素、塑化剂、阻燃剂等污染物频繁在我国土壤、水体和动植物体中被检测出来，这些污染物通过饮食、皮肤接触在人体内累积，危害人体健康。多孔碳材料因其自身独特的性质，成为环境领域中应用最多、研究最深入的一类材料，其主要依靠吸附分离来完成污染物的去除。与矿物、硅基、聚合物和金属基吸附剂相比，它在酸碱环境中的应用性强，因比表面积和孔体积大而能够提供更多的结合位置，且吸附 / 脱附速率快。诸如，Zhang（张）以水热处理产物为碳源，与 $ZnCl_2$、$FeCl_3$ 混合，同步活化和磁化得到磁性多孔碳，对三氯生的吸附容量为 892.9 mg/g。Qiu（裘）等利用离子热方法快速制备出磁性纳米孔碳材料，并对亚甲基蓝进行吸附研究，吸附量达到 303.95 mg/g。Hou（侯）等通过硅烷化反应在 GO 表面接枝 EDTA 官能团，加强了对 Pb^{2+} 的吸附亲和力，这归功于 EDTA 与 Pb^{2+} 之间强的螯合作用。Zhou（周）等将制备好的磁性纳米粒子与碳纳米管通过壳聚糖的交联反应形成复合吸附剂，对水体中四溴双酚 A 和 Pb^{2+} 实现高效协同吸附去除。

多孔碳基材料在环境修复方面展现出令人满意的性能。未来，碳材料在环境领域的发展应着眼于降低成本、提升吸附量、加快吸附速率以及提升再生能力。

1.4　分子印迹技术

1.4.1　分子印迹技术的起源

分子印迹技术（molecular imprinting technology，MIT）是制备对某一特定分子具有专一识别能力聚合物的过程，制备的聚合物称为分子印迹聚合物（molecularly imprinted polymers，MIPs）。1940 年，著名诺贝尔奖获得者 Pauling L.（鲍林）在研究抗原和抗体相互作用时，从仿生化学的角度首次提出了以抗原为模板来合成抗体空间识别位点的大胆设想，这也被公认为是人类对 MIT 最早的理论描述。1949 年，Dickey 在 Pauling L. 的理论模型指导下，开创性地将甲基橙分子成功印迹在硅胶表面上，首次提出了"分子印迹"的概念。1993 年，瑞典隆德大学（Lund University）的 Mosbach（莫斯巴赫）等发表了非共价聚合制备茶碱分子印迹聚合物的研究报告。2004年 7 月，瑞典的美普思科技公司（MIP Technologies AB）生产了第一个分子印迹固相萃取产品 MISPE β-Agonist（molecular imprinting solid phase extraction β-agonist），并成功应用在痕量 / 超痕量农兽药残留检测领域。该成果的运用和在多个领域的大规模推广掀起了 MIT 研究热潮。近年来，MIT具备的构效预定性、特异识别性和广泛实用性三大特点引起了愈来愈多研究者的兴趣和青睐。人们在 MIPs 合成方法、识别机理研究、过程控制、智能拓展和应用基础领域的研究也取得了前所未有的进展。

1.4.2　分子印迹技术的基本原理

为了创造具有类似于"锁孔 – 钥匙"关系的分子识别体系，MIT 先将模板分子与选定的功能单体相互作用形成超分子复合物，再在交联剂作用下形成聚合物，最后用一定手段去除模板分子后，获得的 MIPs 中就留下了对模板分子具有特异性识别的结合位点。按照功能单体与模板分子结合方式的不同，MIT 可分为共价结合型、非共价结合型和半共价结合型。

（1）共价型分子印迹过程中，模板分子与功能单体之间通过可逆的共价作用形成可逆的复合物，经过交联聚合后，可逆的复合物按组装时的空间排列被固定。通过化学手段将共价键断裂而去除印迹分子后，聚合物网络中就留下了识别性的结合位点。在吸附过程中，MIPs 的结合位点又利用共价键完成识别。经常使用的功能单体包括硼酸酯、缩醛酮、席夫碱、酯和螯合物等。其中最典型的单体是酯类，如 Hwang（黄）等利用共价法制备了胆固醇分子印迹吸附剂，他们先利用 2，6- 二叔丁基对甲苯酚和胆固醇甲酰氯反应，随后在交联剂和引发剂作用下获得印迹聚合物，最后利用氢氧化钠的甲醇溶液回流去除了模板分子。

（2）非共价型分子印迹过程中，模板分子与功能单体通过氢键作用、静电作用、疏水作用、金属 – 配体作用和范德华力等多重作用形成模板 – 功能单体复合物，经过交联聚合后，这种作用被保存下来，通过萃取去除印迹分子后就得到了非共价型的 MIPs。经常使用的功能单体包括丙烯酰胺（AM）、α- 甲基丙烯酸（MAA）、甲基丙烯酸甲酯（MMA）和 4- 乙烯基吡啶（4-VP）等，最典型的单体是 MAA。Krupadam 等选用六种多环芳烃为模板分子、MAA 为功能单体，通过模板分子与 MAA 之间氢键的非共价作用形成了复合物，最后在交联剂乙二醇二（甲基丙烯酸）酯（EGDMA）和引发剂偶氮二异丁腈（AIBN）作用下，制备了适用于去除污水中多环芳烃的印迹聚合吸附剂。要形成稳定、牢固的功能单体 – 模板分子复合物，常需要加入过量的功能单体或使用混合功能单体。Wang（王）等制备消炎药地塞米松磷酸钠分子印迹时，选用的甲基丙烯酸羟乙酯和甲基丙烯酸二乙氨基乙酯两种功能单体可以和模板分子形成多个氢键，同时甲基丙烯酸二乙氨基乙酯的氨根阳离子又可以和模板分子的二价阴离子形成离子对，多种非共价键的存在有效提高了印迹高分子的选择性。

（3）为了提高印迹分子与功能单体之间的作用强度，非共价键作用也可与共价键作用结合，即为半共价型分子印迹技术。该技术在印迹聚合时利用共价键使模板分子与功能单体形成功能单体 – 模板分子复合物，而 MIPs 的结合位点则通过非共价键结合识别模板分子。离子作用、电荷转移和氢键作用等均可与共价键结合，使半共价型 MIPs 的选择性比单个共价型 MIPs 更显著。Qi（齐）等合成了 4- 乙烯基苯基碳酸叔丁酯作为带有模板分子的功能单体，随后通过共价键作用制备了 MIPs。MIPs 中的 4- 乙烯基苯基碳酸叔丁酯经碱性水解后，模板分子 4- 氯苯酚从印迹聚合网络中洗去，留下的识别位点可与模板分子通过氢键作用再次结合。对比实验表明，半共价法制备的 MIPs 对 4- 氯苯酚的选择性明显高于非共价型的 MIPs。

1.4.3　表面分子印迹技术

1.4.3.1　*表面分子印迹技术简介*

表面分子印迹技术（surface molecular imprinting technique，SMIT）是将印迹聚合物负载在基质材料表面的新型印迹技术，所制得的表面分子印迹聚合物的印迹位点大多分布于载体表面，这有效地克服了传统印迹技术中印迹空穴包埋过深、吸附容量小、传质速率和识别效率低及印迹形貌不规则等缺点。表面分子印迹过程及印迹机理如图 1-1 所示。

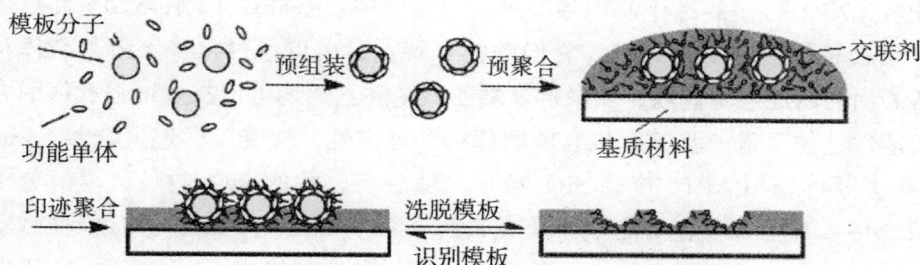

图 1-1　表面分子印迹过程及印迹机理

1.4.3.2　*表面分子印迹聚合物*

自 1993 年 Takagi 课题组首次提出"表面分子印迹"概念以来，表面分子印迹技术得到了飞速的发展。研究者已成功地将制备传统 MIPs 的原位聚合和悬浮聚合等方法引入表面分子印迹技术，并开创性地发明了"接枝"自组装法和"接枝"共聚法，巧妙构建了原子转移自由基聚合（atom transfer radical polymerization，ATRP）和可逆加成－断裂链转移聚合（reversible addition fragmentation chain transfer，RAFT）等活性可控的印迹聚合方法。

1. 原位聚合法

传统的原位聚合法是将印迹体系直接建立在色谱柱中，模板分子与功能单体的复合物在交联剂和引发剂作用下直接在色谱柱中进行聚合反应，然后在色谱柱中用适当的溶剂去除模板分子，最终得到柱状的 MIPs。这种方法获得的印迹聚合物不需要研磨、过筛和装柱，因此方便简单，但选择性和柱容量差。为了提高印迹聚合物的性能，Gu（谷）等将表面印迹技术和原位聚合法耦合。他们先将引发剂接枝到二氧化硅球表面，并装入不锈钢的色谱柱中。接着将预聚合溶液（模板分子、功能单体、交联剂和溶剂等）注入色谱柱中，在改性硅球表面引发印迹聚合反应。与传统的 MIPs 相比，该方法制备的柱状表面印迹聚合物显示出了更优越的分离效果。

　　2. 自组装聚合法

　　自组装聚合模式的思路是先在载体表面物理涂覆或化学修饰一层功能大分子，然后加入模板分子、功能单体和交联剂，反应中印迹层以自组装形式导向性地黏合或包覆在改性的载体材料表面，反应后将模板分子洗去后制得表面印迹材料。常用的载体改性剂为硅烷偶联剂，如 3- 氨基丙基三乙氧基硅烷（APTS）、3-（甲基丙烯酰氧）丙基三甲氧基硅烷（KH-570）和乙烯基三乙氧基硅烷（VTES），它们的共有特点是可以通过自身水解与载体材料表面的活性羟基偶联，偶联键末端的氨基和乙烯均可以有效增强载体的表面活性，便于进一步被有机官能团修饰和导向性"接受"印迹聚合层。Luo（罗）等首先用 APTS 修饰 SiO_2 粒子，随后将改性的 SiO_2 粒子、模板分子（2，4- 二硝基酚）、功能单体及交联剂（邻苯二胺）、引发剂（过硫酸铵）与溶剂混合，印迹聚合后用碳酸钠洗去模板分子便制得了 SiO_2 表面印迹聚合物。Gong（龚）等用 VTES 修饰硅胶，在其表面引入乙烯基，随后以改性硅胶为载体材料、MAA 和 AM 为功能单体、EGDMA 为交联剂、AIBN 为引发剂实施了表面印迹聚合，制得的球形表面印迹聚合物具有较好的选择性、较大的吸附容量和理想的吸附动力学性能。Zhu（朱）等先将 APTS 修饰硅胶颗粒，接着偶联端的氨基与丙烯酰氯反应，获得了乙烯基改性的硅胶，最后通过硅胶表面的乙烯基将印迹聚合层建立在硅胶的表面。Wang（王）等首先利用溶胶 - 凝胶法，在 Fe_3O_4 纳米粒子表面包覆一层 SiO_2，接着通过 KH-570 修饰将乙烯基偶联到 Fe_3O_4/SiO_2 复合材料表面，最后将改性 Fe_3O_4/SiO_2 复合材料分散在预聚合溶液中，成功地将印迹聚合层包覆在改性的 Fe_3O_4/SiO_2 表面。

　　3. 悬浮聚合法

　　悬浮聚合法的显著特点是印迹聚合物颗粒的尺寸和粒径分布可以通过调整反应参数（如反应温度、搅拌速度和致孔剂用量等）来控制，且产物保留了粉末状，不用研磨。但传统悬浮聚合法制备的 MIPs 仍有高度交联的聚合网络，模板分子不易彻底清除，从而识别过程中的吸附容量和速率没有优势。融入悬浮聚合的表面印迹技术是一种有效的聚合方法。其典型的过程是将硅胶等载体、功能单体、交联剂、模板分子混合分散在有机溶剂中，然后转移到含分散稳定剂的水相中，搅拌并引发功能单体的聚合反应与交联反应，最后通过离心或抽滤等方法获得产物。

4. 接枝共聚法

接枝共聚表面印迹法的基本思路是先将具有类似功能单体作用的大分子接枝到硅胶微粒的表面，接着接枝在硅胶表面的功能大分子通过共价键作用结合模板分子并达到结合平衡，随后采用具有双反应性端基的交联剂对接枝在硅胶表面的功能大分子链进行交联，同时将功能大分子与模板分子形成的复合物固定化，最后洗脱模板分子，即在硅胶表面的印迹聚合物薄层中留下了大量的大小、形状以及作用位点与模板分子相匹配的印迹空穴。

5. 可逆加成－断裂链转移活性自由基聚合法

可逆加成－断裂链转移聚合的基本思路是在传统自由基聚合体系中引入一种具有高链转移常数的二硫代酯结构的链转移试剂，从而实现自由基聚合的活性可控。近年来，随着 RAFT 聚合在固体表面改性领域的应用趋于成熟，许多研究者已成功地将 RAFT 聚合应用于表面印迹聚合物的制备中。Wang（王）等则先将活化的硅胶用 APTS 氨基化，接着将氨基化的硅胶用4－（氯甲基）苯基三氯硅烷试剂改性，然后用获得的苄基氯修饰的硅胶和乙二基二硫代氨基甲酸钠反应，将二硫代酯类 RAFT 试剂接枝在硅胶表面，最后加入模板分子、功能单体和交联剂等预聚合溶液制备出硅胶表面印迹聚合物。Li（李）等分别以球形硅胶、磁性硅球、磁性荧光硅球和纳米氧化石墨烯为载体，采用 RAFT 聚合制备了具有预定性、识别性和实用性的核壳型表面印迹聚合物，并成功用于 2,4-DCP、BPA 和 17β-雌二醇等的选择性识别。他们采用的 RAFT 印迹聚合的思路是，先将载体材料用4－（氯甲基）苯基三氯硅烷试剂改性，获得苄基氯修饰的载体材料，接着将苯基溴化镁和二硫化碳反应获得的二硫代格氏试剂化合物与苄基氯修饰的载体材料作用，在载体材料表面形成二硫代酯类 RAFT 试剂，最后加入模板分子、功能单体和引发剂，热引发聚合制备一系列多功能表面分子印迹聚合物。

6. 原子转移自由基聚合法

原子转移自由基聚合（ATRP）则是一种新颖的精密聚合反应，利用活性链增长过程的可控性，可以通过控制实验参数来实现聚合物的活性可控生长。ATRP 引发体系一般由卤化物引发剂、低价过渡金属盐、电子给体 / 配体三部分组成。由于反应温度适中、适用单体范围广，ATRP 聚合是有效的分子设计工具之一。近年来，为了制备出粒径均一、分布均匀和尺寸可控的超细、超薄表面分子印迹聚合物，许多科学家探索将 ATRP 聚合应用于表面分子印迹技术，取得了较好的效果。

7. Pickering 乳液聚合法

Pickering 乳液聚合法是合成具有特殊结构和功能高分子材料的有效方法之一。Pickering 乳液低毒、无皂、低成本并对环境友好。分子印迹聚合物是通过分子印迹技术合成对目标分子具有特异性识别与选择性吸附的聚合物。将 Pickering 乳液聚合法应用到分子印迹技术中，可以制备粒径均匀可控、形貌规整、机械强度高、稳定性高且对环境友好的分子印迹聚合物微球。

8. 溶胶－凝胶法

溶胶－凝胶法和表面印迹技术耦合也是制备表面印迹聚合物的有效方法之一。它通过溶胶－凝胶在刚性无机或有机 / 无机杂化载体表面的物理沉积，将模板分子与功能单体形成的复合物固定在载体材料表面。洗脱模板分子后获得的表面印迹聚合物能显示出优良的选择性结合性能。Wang（王）等利用溶胶－凝胶法制备了有序介孔硅表面 BPA 分子印迹聚合物。他们先制备了有序介孔硅 SBA-15，接着用 APTS 氨基化修饰了 SBA-15，被氨基化修饰的 SBA-15 通过非共价键与模板分子 BPA 自组装，随后通过正硅酸乙酯（TEOS）的水解将溶胶－凝胶沉积在改性的 SBA-15 表面，最后洗脱模板分子后，SBA-15 表面的硅胶层中就留下了具有专一选择性的印迹孔穴。

1.4.3.3 分子印迹技术的研究进展

分子印迹技术是根据应用需求以及目标物（模板分子）的分子结构特点，设计制备具有特殊功能的分子印迹聚合物的一种技术。由于分子印迹聚合物与模板分子（目标物）之间存在"锁－匙"关系，因此能够很好地实现对目标污染物的选择性识别与分离。分子印迹聚合物最大的优点就是对目标分子具有高度选择性吸附和特异性识别能力，具有良好的机械强度、抗压性和稳定性。Zhang（张）等将磁性分子印迹聚合物用于牛奶中 β- 内酰胺类抗生素的选择性识别和分离。

表面分子印迹技术是一种对模板分子的形状、尺寸具有记忆性结合位点的技术。该技术把模板分子识别位点建立在基质材料的表面，很好地解决了传统本体聚合高度交联导致的模板分子不能完全去除、结合能力小和质量转移慢、活性位点包埋过深、吸附 – 脱附的动力学性能不佳等缺点。近年来，表面分子印迹技术在环境监测、废水处理领域的应用较多，被大量用于环境中抗生素等污染物残留的选择性分离 / 富集。Pan（潘）等以酵母菌为载体制备了温敏型的表面印迹聚合物，并将其用于头孢氨苄抗生素的选择性识别。

1. 磁性分子印迹材料的制备及其应用研究

磁性载体分离法的基本原理是，用高分子材料包覆无机磁性载体，获得磁性吸附材料，利用高分子表面配基的多样性和特异性，借助磁性分离装置，对目标分子进行识别、负载、运载和卸载等分离操作，从而实现对目标分子的磁性分离过程。近年来，研究者创造性地将表面分子印迹技术和磁性载体分离技术耦合，制备出 MMIPs 核壳材料。常选用的磁性载体一般为具有超顺磁性的 Fe_3O_4 或 $\gamma-Fe_2O_3$ 纳米粒子。MMIPs 核壳材料能同时利用载体的超顺磁性和包覆层印迹聚合物的特异性吸附作用，实现在外磁场辅助下选择性地将目标污染物与母液迅速分离。由于不需要额外的离心或过滤操作，MMIPs 的分离更加简单、快速、有效。目前，MMIPs 在很多领域引起了大家的关注，如金属离子和有机污染物的选择性吸附分离、生物大分子的选择性识别分离、中草药活性成分和药物分子残留的提取和靶向给药等。但常用的磁性载体（如 Fe_3O_4 和 $\gamma-Fe_2O_3$ 纳米粒子）成本高、比表面积小、耐酸碱性差和易团聚等缺点亟待改进。

2. 智能响应磁性分子印迹聚合物的制备及其应用研究

为了更好地控制识别和脱附过程，研究者将智能响应性材料引入分子印迹技术，制备了智能响应性分子印迹聚合物。所谓智能响应性分子印迹聚合物，即是对外界刺激能产生响应性识别作用的分子印迹聚合物。近年来，利用智能印迹体系制备出对磁场、温度、光源和 pH 能产生相应作用的智能材料成为研究的热点。

温度条件的可操作性强，因此温敏型分子印迹聚合物（TMIPs）的研究更有科学和应用价值。以 N– 异丙基丙烯酰胺（NIPAM）为温敏结构单体制备的 TMIPs 材料是一种典型的智能印迹体系，温敏特性的引入使 TMIPs 对模板分子的选择性识别能力可随温度的变化而变化。

NIPAM 是一种典型的温敏单体。由于其分子中同时存在亲水性的酰胺基和疏水性的异丙基，聚（N- 异丙基丙烯酰胺）（PNIPAM）大分子呈现出对温度敏感的响应性。当温度较低时，PNIPAM 溶解在水中形成均一的溶液；当温度高于低温临界溶解温度（一般为 32 ℃）时，PNIPAM 与水相分开。Liu（刘）等以 MAA 为功能单体、NIPAM 为温敏单体制备了温敏型分子印迹凝胶，并成功用于可逆选择性识别和释放 4- 氨基嘧啶。这一类 TMIPs 主要依靠温度改变印迹聚合层的亲水性或疏水性，进而增加或减少单位体积内的识别位点数，增长或缩短结合位点与模板分子的距离，最终实现 TMIPs 对模板分子的可控吸附与释放。另一类 TMIPs 主要依靠温度改变印迹聚合层两种单体之间的配位与解离，进而打开或者闭合结合位点，最终通过改变温度实现 TMIPs 对模板分子吸附行为的控制。如 Li（李）等以 AM 为功能单体、2- 丙烯酰胺基 -2- 甲基丙磺酸（AMPS）为温敏单体，制备了萘普生 TMIPs 吸附剂。当温度较低时，TMIPs 中聚丙烯酰胺（PAAm）和聚（2-丙烯酰胺基 -2- 甲基丙磺酸）（PAMPS）发生配位作用而使聚合网络收缩坍塌，从而闭合了识别位点，限制了模板分子进入识别位点内部，TMIPs 的识别作用降低；当温度升高时，PAAm 和 PAMPS 的作用被破坏，识别位点重新打开，模板分子可以快速进入预定的识别位点，TMIPs 的识别作用增强。但这两类 TMIPs 均采用了传统的本体聚合方式，由于模板分子洗脱不彻底，TMIPs 的吸附容量小，动力学性能差。与第二类 TMIPs 相比，第一类 TMIPs 可以通过温度实现可逆的识别或释放过程，从而简化了脱附过程，具有更好的应用研究价值。

此外，四氧化三铁纳米粒子由于较强的超顺磁性，已被用于制备核壳结构的磁性表面印迹聚合材料，利用四氧化三铁纳米粒子基质的超顺磁性和包覆层印迹聚合材料的特异性吸附作用，磁性表面印迹聚合材料可实现在外磁场辅助下选择性地将目标污染物与母液迅速分离。

3. 吸附平衡、动力学和热力学模型的应用

为了对比研究印迹和非印迹聚合物的吸附行为，从本质上更好地描述印迹聚合物的吸附性质，研究者将吸附平衡、动力学和热力学模型应用到印迹聚合物的识别性能研究中。Luo（罗）等利用 Freundlich（弗罗因德利希）常数计算出了每克印迹和非印迹聚合物吸附剂的结合位点数分别是 25.43 ± 0.60 和 8.32 ± 0.69，表明制备的酒石黄分子印迹聚合物的结合位点是非印迹聚合物

的 3.3 倍。Ding（丁）等利用 Freundlich 等温模型拟合了制备的印迹和非印迹聚合物吸附昔多芬的平衡数据，并利用 Freundlich 常数计算出了每克印迹和非印迹聚合物吸附剂的结合位点数分别是 21.19 ± 1.52 和 4.82 ± 0.33，有力证明了印迹聚合物存在更多的专一识别性结合位点。Wang（王）等利用非线性的 Langmuir（朗格缪尔）等温线方程和 Freundlich 等温线方程拟合了磁性硅灰石表面印迹聚合物吸附 2- 氨基 -4- 硝基苯酚的平衡数据，结果显示 Freundlich 方程的拟合较好，表明磁性分子印迹聚合物对模板分子的识别属于多层吸附过程。Xu（徐）等发现准二级动力学方程能较好地拟合二氧化钛表面印迹聚合物选择性识别二苯并噻吩的动力学数据，表明选择性识别是一个化学吸附过程。此外，他们利用吉布斯方程描述了选择性识别过程的热力学性质，负的吉布斯自由能变、熵变值和正的焓变值说明制备的表面印迹聚合物选择性识别二苯并噻吩是一个自发、吸热和熵增的过程。

第 2 章　改性柚子皮生物质炭对 2，4- 二氯苯酚的吸附性能研究

氯酚类化合物（CPs）的代表物质 2，4- 二氯苯酚（2，4-DCP）是合成杀虫剂、除草剂、木材防腐剂和治疗疾病药物的重要前驱物或中间体。造纸、石油化工、印染生产过程中的污水排放或泄漏事故会使 2，4-DCP 进入环境，经土壤吸附、水循环、生物链富集等作用，在自然界逐渐积累。由于 2，4-DCP 微溶于水、腐蚀性强、极难自然降解、稳定性强，不但影响人体皮肤黏膜功能，而且易引起人体脊柱裂、生殖器异常、甲状腺功能衰退、体内蛋白质凝固等疾病。

常用去除 2，4-DCP 的化学降解法有氧化还原法、光 / 电催化降解法等。但化学降解工艺材料的制备方法和使用控制条件复杂，在水体内投入纳米复合材料易形成分散态纳米颗粒，产生的降解副产物也会增加后续水处理工艺中的药剂用量和固体废弃物。去除 2，4-DCP 的生物法有植物代谢法、真菌代谢法、微生物法，同时生物体内非关键酶对污染物的代谢作用，可增加生态系统多样性从而改善环境条件，但生物驯化周期长，控制平衡困难，加设固定材料会增加成本。除此之外，吸附法还对 2，4-DCP 表现出优异的去除效果，而且其吸附材料的基体多，可结合材料自身特性进行修饰改性，进而提高其分散性和化学稳定性。常用的基体材料有二氧化硅、四氧化三铁磁核、多孔碳质材料、碳纳米管、木质磺酸钠、树脂、膨润土、岩棉等。组合掺比合成类材料在前期需进行烦琐的制备及调控过程，矿石及工业废弃类材料在使用过程中易浸出镉、铅等金属离子造成二次污染。

多孔碳质类材料具有大量孔隙且抗腐蚀性强，其中生物质炭材料制备成本低、预处理过程简便，多应用于吸附去除重金属及有机污染物。目前生物质炭材料多以稻壳、甘蔗渣、木薯渣、松针、苔藓等植物类为原材料。林旭萌等在 500 ℃热解的污泥生物质炭表面呈现大量排列规则的微孔，在 pH8 的 200 mL 浓度为 50 mg/L 的 2，4-DCP 溶液内投加 2.0 g/L 的吸附剂，受局部高浓度结晶现象影响堵塞孔道，去除率仅为 55.7%。郭琳颖等在限氧条件、500 ℃下制备的芦苇生物质炭产率最高，其表面的—OH 络合金属、内部 K^+ 与 Cd^{2+} 的离子交换、内部 CO_3^{2-} 与 Cd^{2+} 的相沉淀、以 π 电子相互作用为主的作用等共同体现对 Cd^{2+} 的吸附行为，最大吸附容量 39.05 mg/g。生物材料携带的有机物、自身构造、热解温度等共同影响其 pH 适用范围、孔径比例和吸附容量。

经化学氧化还原、酸碱改性、复合材料可改善生物质炭不同方面的性能。Huang（黄）等通过升华硫和玉米秸秆共加热制备生物质硫化炭，主要利用羟基、碳硫基、亚砜基与 Hg^{2+} 形成不可逆的 Hg—S 键、Hg—O 键，最大吸附量为 268.5 mg/g。孙晓杰等使用硅烷偶联剂改性水稻秸秆生物炭，—OH 被取代，增加了 C—O—Si 等疏水性基团。张悍等使用 NaOH 浸渍改性米糠炭产生更多微孔，碳/氧值升高表现低极性和低氧化性有利于对四环素的吸附。Zhao（赵）等以二氧化硅掺入竹材料在 700 ℃热解吸附四环素，虽降低了比表面积，但孔隙填充效应和 π–π 堆积对吸附能力的维持起到促进作用。叶益辰等用磷酸改性油菜秸秆，按一定比例掺入 $Mg(NO_3)_2$、$Al(NO_3)_3$ 形成促进吸附的正电氧化物层叠加结构。Son（孙）等用 $FeCl_3$ 溶液浸渍磁化废弃海带，炭化后氧化铁颗粒堵塞炭孔，程度最小的浸渍液浓度为 0.025 ~ 0.05 mol/L，表面大量的含氧官能团使生物质炭材料吸附 Cu^{2+} 能力为 69.37 mg/g。王飞用 DETA 和 $FeCl_3$ 改性增加磁性竹炭复合物表面氨基、羟基和碳氢键的数量，通过氢键、孔洞、静电等作用以化学吸附为主导的最大吸附量达 48 mg/g，经 6 次循环吸附后改性六价铬离子吸附量仅损失 15.85%。

生物质炭材料性能的改进依托改性药剂的性质、用量、浓度和作用时间。通过磷酸、硝酸、高锰酸钾等氧化方式增多生物质炭表面的含氧官能团从而增强其取向力；通过氢氧化钠、高温氢气、高温混合氢氨气体、碳酸钾等改性，增加碱性官能团；通过接枝聚合有机化合物、引入金属离子、掺比无机化合物等步骤来改性生物质炭材料，可充分利用不同材料性质来显著提升生物质炭材料的吸附效果。其中以酸碱改性等简便方式改造生物质炭材料微观结构以增加比表面积、改变表面官能团比例及种类，达到增加吸附目标物容量的目的，更为经济简便。

现阶段水处理遵循选用可重复利用和无毒的绿色材料的原则。柚子皮内部的蜂窝孔隙结构呈紧密与疏松相间排列，孔壁平滑或有螺旋形节纹；含有活性多糖、木质素（10.24%）、纤维素（46.22%）、半纤维素（18.84%）、黄酮类化合物等，被丢弃或焚烧后不但会造成浪费而且极易污染环境。

柚子皮含有丰富的有机成分，经处理可作为生物质炭吸附剂，用以污水净化处理。本研究以柚子皮为原料，运用化学活化法改性柚子皮生物质炭，探究活化剂量、时间、pH、温度、目标物初始浓度等可变因素对其性质的影响，进一步考察其对 2，4–DCP 的吸附可行性机制。为柚子皮资源再利用和工业废水中氯酚类物质吸附处理提供一种行之有效的方法。

2.1　实验材料与方法

2.1.1　材料与仪器

药品与仪器分别见表 2-1、表 2-2 所列。

表2-1　药品列表

药品	规格
硝酸	
盐酸	
硫酸铜	
氯化铜	分析纯
硝酸铜	
2，4- 二氯苯酚	
氢氧化钠	
柚子皮	—

表2-2　仪器列表

仪器	型号
型电热鼓风干燥箱	DHG-9055A
管式炉	NBD-OI200
数控超声波清洗器	KQ5200DB
全温培养摇床	QYC-2102C
紫外 - 可见光分光光度计	SPECORD 200
循环水真空泵	0SHZ-DIII

2.1.2 实验方法

2.1.2.1 柚子皮生物质炭的制备

柚子皮生物质炭（BAA）的制备：用蒸馏水反复冲洗柚子皮，将其剪切成小块（约 3 mm×3 mm×2 mm），100 ℃干燥 6 h 后粉碎过 60 目筛。将过筛后的柚子皮粉加入瓷方舟中，管式加热炉通氮气后设置升温速率 2 ℃/min，在 400 ℃炭化 4 h，得到柚子皮生物质炭（BAA）。

改性柚子皮生物质炭（BAB 或 BAC）的制备：将 BAA 装入 50 mL 的三颈烧瓶中，按照 1∶10 的固液比加入 0.1 mol/L 的 NaOH，或 2 mol/L 的硝酸溶液，于 80 ℃、80 W 的超声波清洗器中活化 8 h，取出用蒸馏水冲洗至中性，抽滤，烘干，过 60 目筛即得到酸改性柚子皮生物质炭（BAB），或碱性柚子皮生物质炭（BAC）。

2.1.2.2 2，4–DCP 吸附实验

采取动态吸附实验探究柚子皮生物质炭对 2，4–DCP 的吸附性能，每组实验皆平行 3 次。通过改变炭化温度（300～500 ℃）、吸附剂用量（0.05～0.3 g）、吸附剂种类（BAA、BAB、BAC）、吸附时长（0.5～6 h）、2，4–DCP 初始质量浓度（10～50 mg/L）等条件，探究改性柚子皮生物质炭的吸附性能。

于已知浓度 2，4–DCP 溶液的 100 mL 锥形瓶中加入一定量柚子皮生物质炭，置于 160 r/min 恒温摇床上进行吸附，吸附平衡后注射器吸取 10 mL 上清液，安装 0.45 μm 滤膜推出液体并放置，用紫外可见分光光度计在样品最适波长下（约 286 nm）测溶液中剩余 2，4–DCP 的浓度。吸附量、去除率分别用式（2-1）和式（2-2）计算。

$$q_e = \frac{(C_0 - C)V}{m} \qquad (2-1)$$

$$W = \frac{C_0 - C}{C_0} \times 100\% \qquad (2-2)$$

式中，q_e 为吸附平衡容量，单位 mg/g；C_0 为 2，4-DCP 的初始浓度，单位 mg/L；C 为吸附后剩余 2，4-DCP 浓度，单位 mg/L；V 为 2，4-DCP 的体积，单位 L；m 为 BAC 质量，单位 g；W 为 2，4-DCP 去除率。

　　本研究所有结果均为平行测定的均值，所有数据分析及绘制均使用 Origin pro 软件进行。

2.2　结果与讨论

2.2.1　吸附性能研究

2.2.1.1　炭化温度对吸附效果的影响

　　在盛有 50 mL 初始质量浓度为 50 mg/L 2，4-DCP 的 3 个锥形瓶中分别加入 0.1 g 在 300 ℃、400 ℃、500 ℃ 炭化制得的 BAA，探究炭化温度对生物质炭吸附效果的影响。如图 2-1 所示，炭化终点温度设定在 300 ～ 400 ℃，2，4-DCP 去除率随炭化温度提升呈近似直线升高；终点温度在 400 ℃ 时，2，4-DCP 去除率最高，为 40.74%；终点温度在 400 ～ 500 ℃，去除率呈直线下降。在整个炭化过程中，温度升至 200 ℃ 过程中，少量挥发性有机物或甲烷、二氧化碳等小分子化合物随氮气流动去除，同时内部生物质开始解聚并缓慢地玻璃化；在 200 ～ 400 ℃ 升温阶段，炭化程度的加深使比表面积不断增大，柚子皮中的果胶、淀粉、纤维素等大分子物质分解并挥发，杂环结构及芳香族结构生成的酚羟基、羧基、脂基等官能团逐渐暴露；400 ℃ 时的生物质炭表面官能团含量达到最大，且炭表面可能存在疏松微孔、介孔、大孔等类孔结构使吸附效果最佳；400 ℃ 之后，高温导致残留固体内部分子热裂解损失，降低炭得率，结构被破坏而变得不规则，导致吸附性能减弱。据此选用 400 ℃ 为最佳炭化温度。

2.2.1.2　活化剂种类对吸附效果的影响

　　在盛有 50 mL 初始质量浓度为 50 mg/L 2，4-DCP 的 3 个锥形瓶中分别加入 0.1 g BAA、BAB、BAC。吸附结束后，2，4-DCP 的去除率如图 2-2

所示，经 0.1 mol/L NaOH 活化制得的 BAB 对污染物去除率在 50% 以上，但提升效果与经 2 mol/L HNO_3 活化制得的 BAC 相比较差，这是由于碱处理后的 BAB 产生的碱性基团主要增强非极性有机污染物的吸附能力，去除灰分使孔道变大或内部发生连环塌陷，伴随孔结构挤压损失；经 2 mol/L HNO_3 活化制得的 BAC 吸附效率明显提高，吸附效率为 78.61%，吸附能力约为 BAA 的 2 倍，这是由于生物质炭在酸环境下形成更宽且均匀的表面几何形状孔道，表面氧化生成亲水性羧基等有利于吸附极性物质的含氧官能团。故选用经 HNO_3 活化制得的 BAC 活性炭进行深入探讨。

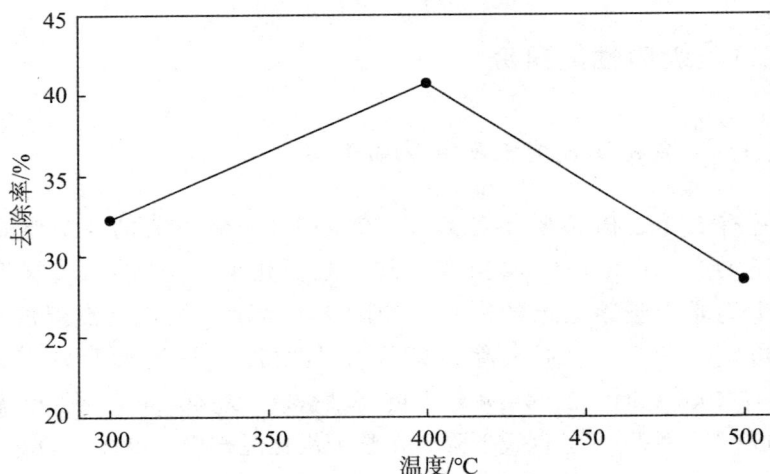

图 2-1　炭化温度对吸附效果的影响

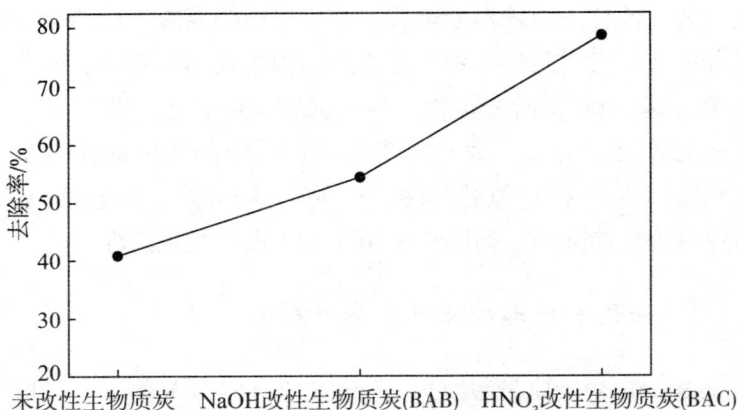

图 2-2　活化剂对吸附效果的影响

2.2.1.3　吸附时间对吸附效果的影响

BAC 用量为 0.1 g，2，4-DCP 初始质量浓度为 50 mg/L，吸附时间为 0.5 ～ 6 h。由图 2-3 可知，在 0.5 ～ 2 h 时间段，吸附去除率逐步升高；在 2 h 时，80.57% 的 2，4-DCP 被吸附剂吸附去除；2 h 之后的时间段中，2，4-DCP 吸附去除率基本不变，去除量增加缓慢；6 h 时，2，4-DCP 吸附去除率最大，为 83.48%，吸附率相比 2 h 时变化不大，这说明在该实验条件下 2 h 时达到吸附稳定状态。可推测，在吸附初期大量活性吸附点存在，污染物吸附去除率随着时间变化而升高，随后活性位点被占用、孔隙通道变窄，阻碍溶质进入而降低接触反应概率，污染物矿化导致局部浓度梯度压力抑制溶液内污染分子渗入。据此选用 2 h 为最佳吸附时间。

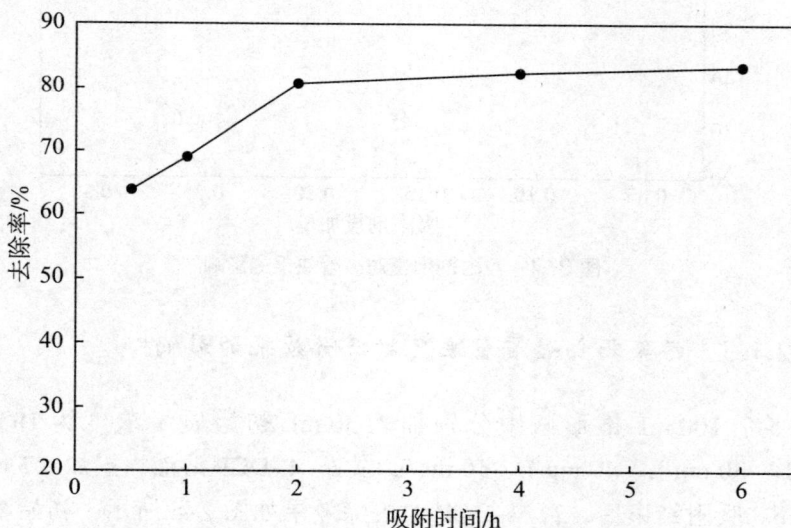

图 2-3　吸附时间对吸附效果的影响

2.2.1.4　吸附剂用量对吸附效果的影响

称取 0.05 g、0.1 g、0.2 g、0.3 g BAC 分别加入盛有 50 mL 初始质量浓度为 50 mg/L 2，4-DCP 的 4 个锥形瓶中。吸附结束后，2，4-DCP 的去除效果如图 2-4 所示，BAC 用量在 0.05 ～ 0.2 g 时的吸附去除率不断上升，投加量为 0.2 g 时，吸附去除率为 91.42%；当 BAC 用量为 0.3 g 时，吸附去除率为 93.12%。吸附剂投加量小于 0.2 g 时，吸附剂的活性位点数量为限制因素，固定容积内加大吸附剂投放量可使有效表面积增加，提供吸附位点的官能团数目增多，提升碰撞概率和总容量；吸附剂投加量大于 0.2 g 时，吸附过程末尾阶段污染物低浓度状况成为限制条件，仅增加游离碳颗粒在固定容器中的体积占比，活性吸附位点只是重叠覆盖致使去除效果增加不明显。因此，选用 0.2 g 为 BAC 的最佳用量。

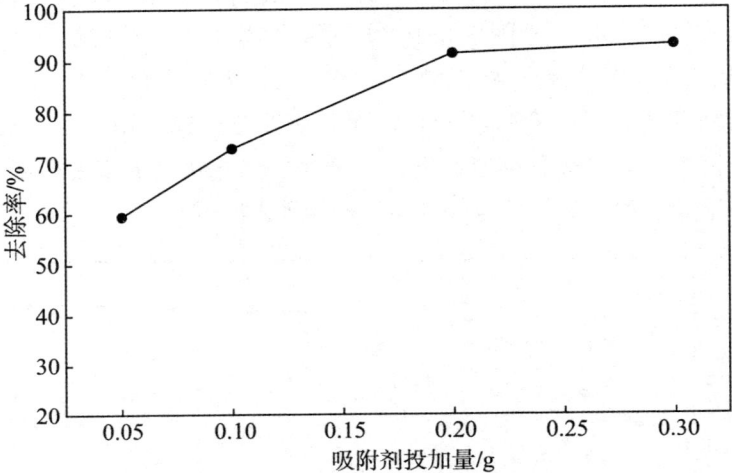

图 2-4　吸附剂用量对吸附效果的影响

2.2.1.5　污染物初始质量浓度对吸附效果的影响

在 5 个 100 mL 锥形瓶中分别加入 50 mL 初始质量浓度为 10 mg/L、20 mg/L、30 mg/L、40 mg/L、50 mg/L 的 2，4-DCP 溶液，投加 0.2 g BAC 吸附 2 h。吸附结束后，2，4-DCP 的去除效果如图 2-5 所示，初始浓度在 10 ～ 30 mg/L，去除率从 65.2% 线性升高至 95.1%；初始浓度在 30 ～ 50 mg/L 时，去除效果相对减弱。可见在 10 ～ 30 mg/L 阶段，吸附剂表面的吸附位点可能因 2，4-DCP 浓度的升高使反应碰撞概率增加，2，4-DCP 分子浓度增加使 BAC 颗粒内外的浓度差增大，也有利于 2，4-DCP 突破分子间阻力进入 BAC 内部，使 BAC 的吸附位点结合污染分子，促进吸附，该段反应物浓度为限制条件；当初始浓度为 30 mg/L 时，在 2 h 的吸附剂量近似为平衡吸附状态，去除率达到最佳；当初始浓度在 40 ～ 50 mg/L 时，吸附剂的容量达到饱和，浓度差所带来的扩散优势也减弱，去除率相对降低。所以，本实验选用 30 mg/L 为 2，4-DCP 最佳初始质量浓度。

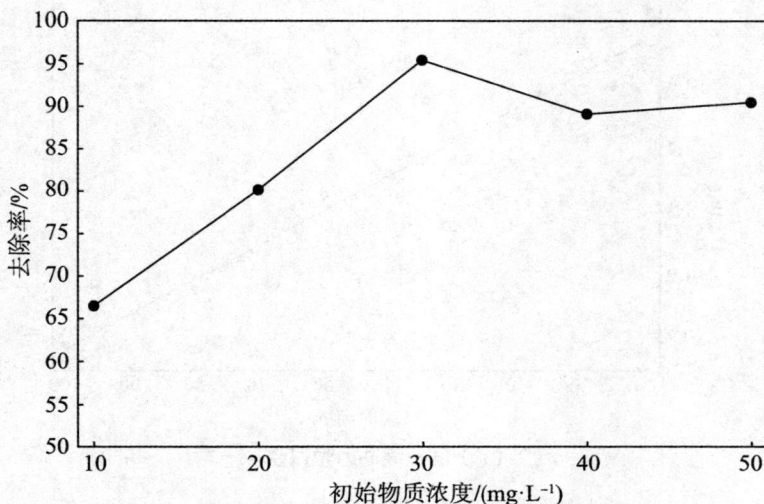

图 2-5　污染物初始质量浓度对吸附效果的影响

2.2.2　吸附机理探究

2.2.2.1　吸附动力学

采用准一级和准二级动力学方程对吸附过程进行模拟（如图 2-6 所示），进一步探究 HNO$_3$ 改性生物炭 BAC 对 2，4-DCP 的吸附特性。方程表达式分别如式（2-3）和式（2-4）所示：

$$\ln\left(q_e - q_t\right) = \ln q_e - k_1 t \qquad (2-3)$$

$$\frac{t}{q_t} = \frac{1}{k_2 q_e^2} + \frac{t}{q_e} \qquad (2-4)$$

式中，q_e 为平衡吸附量，单位 mg/g；q_t 为 t 时刻的 2，4-DCP 吸附量，单位 mg/g；t 为吸附时间，单位 min；k_1 为准一级动力学速率常数，单位 min^{-1}；k_2 为准二级动力学速率常数，单位 g/（mg·min）。

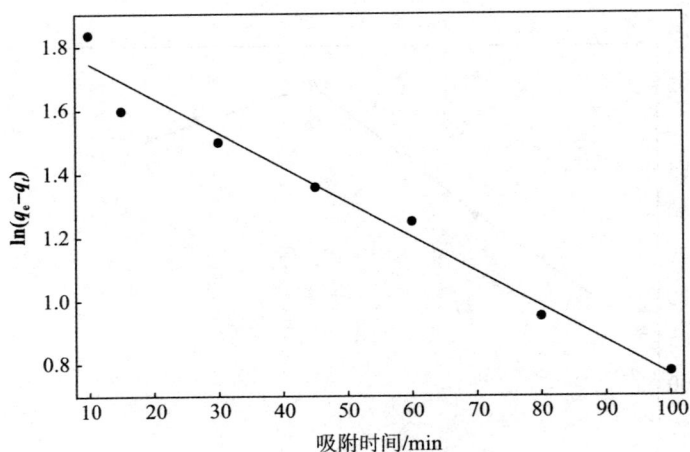

（a）准一级动力学拟合

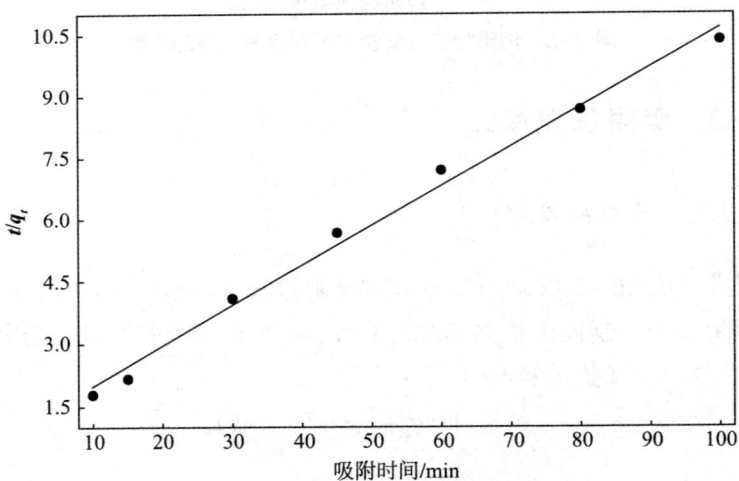

（b）准二级动力学拟合

图2-6　动力学方程拟合

从表2-3中可得准二级动力学拟合图形与实验数据点重合度更高，且图中实际最大吸附容量数值点与对应相同时间上的理论吸附容量接近。吸附速率常数为0.009 04 g/（mg·min）。准二级动力学模型适用于描述吸附过程的快慢及吸附质扩散行为，多表示物质之间价态力形成的稳定吸附能力，因此准二级动力学模型可更好地表现BAC对2，4-DCP化学主导吸附过程中由吸附速率控制的牢固结合性能。

表2-3　BAC吸附2，4-DCP的动力学模型拟合参数

参数	准一级动力学模型			准二级动力学模型		
	$q_e/$（mg·g^{-1}）	$k_1/$min^{-1}	R^2	$q_e/$（mg·g^{-1}）	$k_2/$（g·mg^{-1}·min^{-1}）	R^2
酸改性生物质炭（BAC）	6.35	0.010 83	0.968 9	10.39	0.009 04	0.990 7

2.2.2.2　等温吸附

吸附等温线可表征吸附过程，Langmuir 等温吸附模型和 Freundlich 等温吸附模型分别表征理想单层状态吸附过程、非理想复杂的类多层吸附过程。Langmuir 等温吸附模型、Freundlich 等温吸附模型表达式分别如式（2-5）、式（2-6）所示：

$$\frac{C_e}{q_e}=\frac{C_e}{q_m}+\frac{K_L}{q_m} \tag{2-5}$$

$$\ln q_e=\ln K_F+\frac{1}{n}\ln C_e \tag{2-6}$$

式中，C_e 为吸附平衡时 2，4-DCP 剩余浓度，单位 mg/L；q_e 为 2，4-DCP 平衡吸附量，单位 mg/g；q_m 为理论计算饱和吸附量，单位 mg/g；K_L 为 Langmuir 平衡常数，单位 L/mg；K_F 为 Freundlich 平衡常数，单位 L/mg。

1/n，反映吸附作用强度：0.1<1/n<0.5，吸附极易进行；0.5<1/n<1，吸附较易进行；1<1/n，吸附非常难进行。

Langmuir 等温吸附模型的重要参数 R_L 可通过下式计算：

$$R_L=\frac{1}{(1+K_LC_0)} \tag{2-7}$$

式中，R_L 为吸附的可行性及灵敏程度；C_0 为 2，4-DCP 初始质量浓度，单位 mg/L。$R_L>1$，非优惠吸附；$0<R_L<1$，优惠吸附；$R_L=1$，线性吸附；$R_L=0$，不可逆吸附。

由图 2-7 和表 2-4 拟合数据可知，BAC 在实验温度 298 K、308 K、318 K 下，每个温度对应的 Langmuir 等温吸附模型拟合 R^2 值都比 Freundlich 的 R^2 值大，其相关系数分别为 0.978 3、0.956 4、0.958 1，且最大吸附量分别为

35.12 mg/g、37.23 mg/g 和 37.48 mg/g。Langmuir 等温吸附模型的拟合线 $1/C_e$ 对 $1/q_e$ 图像展现更佳的线性关系，吸附常数 K_L 及最大吸附量 q_m 随温度升高而增大，体现了吸附能力的增强，说明该体系为吸热过程，温度增加促进污染物与吸附剂之间单层主导的吸附进程；R_L 值为 0.396 6 ～ 0.9，说明 BAC 对 2，4–DCP 的吸附是优惠吸附；Freundlich 等温吸附模型的拟合线参数 $1/n$ 值均介于 0.1 ～ 1，说明该吸附易进行。

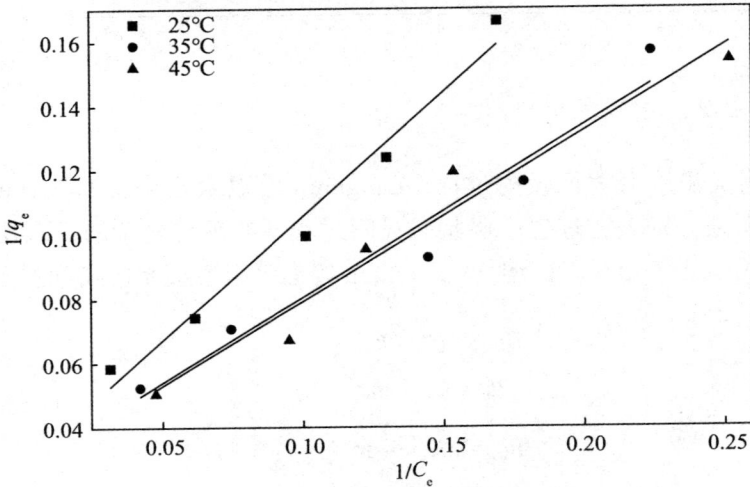

（a）Langmuir 等温吸附模型拟合结果

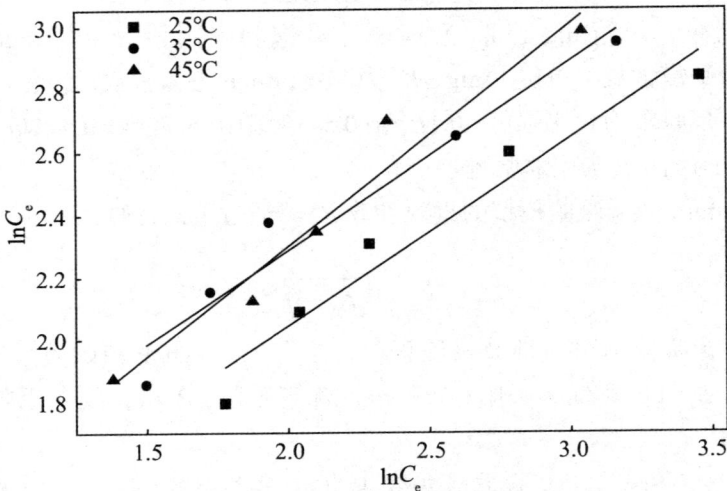

（b）Freundlich 等温吸附模型拟合结果

图 2-7　等温吸附模型拟合

表2-4　Langmuir和Freundlich等温吸附模型拟合参数

温度 /K	Langmuir 等温吸附模型				Freundlich 吸附模型		
	$q_m/$ $(mg \cdot g^{-1})$	$K_L/$ $(L \cdot mg^{-1})$	R^2	R_L	$K_F/$ $(L \cdot mg^{-1})$	$1/n$	R^2
298	35.12	0.037 00	0.978 3	0.900 0	2.325 9	0.599 9	0.948 6
308	37.23	0.050 31	0.956 4	0.398 5	2.943 1	0.603 0	0.949 8
318	37.48	0.050 72	0.958 1	0.396 6	2.433 6	0.705 8	0.957 5

2.2.2.3　柚子皮生物质炭材料吸附 2，4-DCP 机制研究

竞争离子吸附实验：在 3 份 100 mL 初始质量浓度为 25 mg/L 的 2，4-DCP 溶液中分别加入与目标污染物相同浓度的 $CuCl_2$、$CuSO_4$、$Cu(NO_3)_2$ 3 种竞争分子，投入 0.2 g BAC，25 ℃、160 r/min 吸附 2 h，采用原子吸收光谱仪测量剩余溶液 Cu^{2+} 浓度，用离子色谱仪测量吸附后溶液中的 Cl^-、NO_3^-、SO_4^{2-} 浓度。

离子干扰测定结果如图 2-8 所示，BAC 对 $CuCl_2$、$CuNO_3$、$CuSO_4$ 溶液中 Cu^{2+} 的去除率分别为 90%、91%、96%，对 2，4-DCP 的去除率分别是 33%、38%、41%，对 NO_3^-、Cl^-、SO_4^{2-} 的去除率分别是 20%、20%、0。图 2-8 表明，在有 Cu^{2+} 存在的竞争体系中 Cu^{2+} 的去除率高达 90% 以上，而污染物 2，4-DCP 的去除率下降至 35% 左右；与 2，4-DCP 竞争吸附的阴离子的去除率仅为 20%，甚至无去除效果。因此，该体系中的金属阳离子竞争作用会导致 2，4-DCP 的吸附性能减弱。

图 2-9 为 BAA、BAB、BAC 3 种生物质炭的 FTIR 分析图。经 NaOH 改性得到的 BAB 在 1 374 cm⁻¹ 处为 C—N 伸缩振动吸收峰，说明可能产生酰胺类基团，1 152 cm⁻¹ 处为 C—O—C 的非对称吸收峰，说明碱改性产生碱性基团和促进部分含氧基团产生。在 750 cm⁻¹、818 cm⁻¹ 处出现的芳香环骨架 C—H 的弯曲振动吸收峰，说明柚子皮在炭化改性过程中芳构化程度加深。经 HNO₃ 改性得到的 BAC 在 1 255 cm⁻¹ 处出现伸缩振动新峰，说明酸改性新增了 C—O—C 含氧官能团；1 570 cm⁻¹ 附近为羧酸、脂的 C═O

伸缩振动峰，且 1 600 cm⁻¹ 处芳香环 C═C 伸缩振动吸收峰的吸收强度最大，说明酸改性显著增加了羧基、脂基、醚基等官能团数量。结合竞争吸附实验知，金属阳离子低活化能和易被含氧基团螯合的性质成为 BAC 吸附 2，4-DCP 的主要干扰因素。Haq Nawaz Bhatti（哈克·纳瓦兹·巴蒂）等指出，氨基、羧基、醚基参与了 2，4-DCP 的吸附过程，提高了材料的吸附性能。因此，酸、碱改性中产生的含氧基团是提高吸附效率的关键。

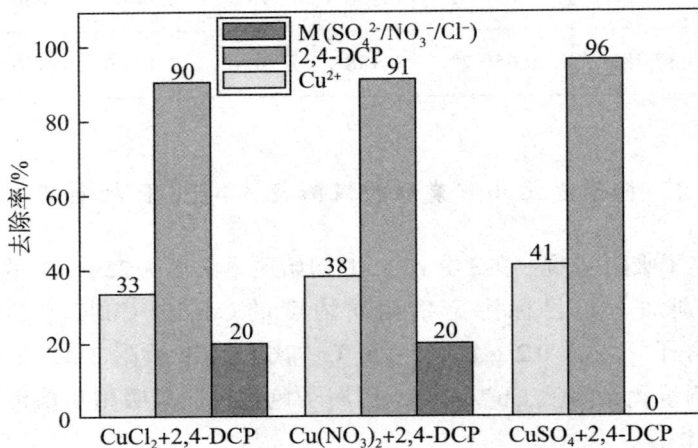

图 2-8　竞争吸附的效果

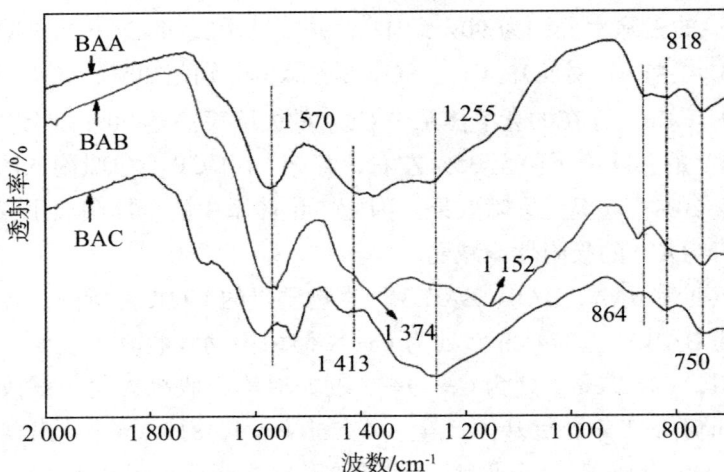

图 2-9　样品的红外光谱图

2.3　本章小结

（1）未改性柚子皮生物质炭（BAA）对 2,4-DCP 具有一定的吸附能力，在相同条件下，NaOH、HNO_3 改性后的柚子皮生物质炭（BAB、BAC）对 2,4-DCP 的吸附能力都得到增强。其中 HNO_3 改性后的 BAC 吸附性能最好，相比于 BAA，2，4-DCP 的去除率增加了近一倍。

（2）采取动态吸附实验探究柚子皮生物质炭对 2，4-DCP 的吸附性能，2，4-DCP 初始质量浓度为 30 mg/L，投加在 400 ℃炭化、由 HNO_3 改性的吸附剂 BAC 0.2 g，经 2 h 达到吸附平衡状态。

（3）BAC 对 2，4-DCP 吸附过程由化学单层吸附行为主导，吸附过程的主要作用基团为羧基、醚键等含氧官能团。

第 3 章　NaOH 改性玉米秸秆生物质炭对 2，4- 二氯苯酚的吸附性能研究

利用廉价的、环境友好的玉米秸秆制备生物质炭，研究该生物质炭对2,4-二氯苯酚的吸附效果。探讨了生物质炭的焙烧温度、用量、改性剂（HNO_3、NaOH）等条件对2,4-二氯苯酚吸附效率的影响。当在400 ℃下利用NaOH改性玉米秸秆制备的生物质炭投加量为4.0 g/L时，2,4-二氯苯酚初始浓度为5 mg/L，2,4-二氯苯酚在2 h内去除率高达94.47％。经吸附动力学研究发现，其吸附行为更加符合准二级动力学模型，Freundlich模型能更好地反映吸附特征。吸附过程中存在物理吸附和化学吸附，以化学吸附为主，且吸附剂表面碱性含氧官能团增加，有助于提高吸附2,4-二氯苯酚的效率。

2,4-二氯苯酚是农药、医药等产品生产过程中的中间产物，也是工业废水中常见的持久性有机污染物。去除水体中2,4-二氯苯酚一直是水处理领域研究的难点和热点。目前处理苯酚类污染物的主要方法有吸附法、膜处理法、光电化学法、生物预处理法、化学氧化等技术。其中，吸附法是最简单高效的方法之一。

常用的吸附剂有硅胶、氧化铝、活性炭、沸石分子筛、碳分子筛等。其中，活性炭工艺因制造成本低、操作简单、制备方法可控、吸附效果好、不会造成二次污染、可以循环利用，因此被广泛应用于工业废水处理中。张德谨等研究了生物质炭吸附废水中的亚甲基蓝，并探讨了不同参数对吸附亚甲基蓝的影响，得出200 W微波、70 ℃环境下改性的生物质炭对亚甲基蓝吸附效果较好，且吸附过程符合准二级动力学模型。制备活性炭的原材料一般来源于矿物质原料、含炭废弃物、生物质等。利用生物质制备活性炭可达到"以废治废"的效果，符合绿色环保的发展理念。

秸秆资源十分丰富，就地焚烧秸秆带来的资源浪费和环境污染问题引起了研究者的极大关注。宋阿娟报道了以农业废弃物荷叶作为原料，用三乙烯四胺对荷叶进行改性，使改性后的荷叶能够用于吸附处理有机物废水。药星星以玉米秸秆生物质炭作为吸附剂，利用静态实验，考察了玉米秸秆生物质炭改性前后对含有苯酚的模拟废水的吸附性能，并对其去除机理进行了探讨。罗冬等研究NaOH改性玉米秸秆生物质炭对石油类污染物的吸附性能，在NaOH质量分数为1％、温度为80 ℃、时间为12 h的条件下，玉米秸秆生物质炭经 NaOH 改性后对原油、0# 柴油、97# 汽油的最大吸附量分别比改性前提高了 22.62％、37.57％ 和 38.50％。

本章实验利用玉米秸秆为材料制备活性炭，在不同实验环境（吸附剂用量、改性剂）下吸附一定浓度的 2，4- 二氯苯酚，通过比表面积、孔隙度和红外光谱分析实验，研究其微观结构与表面官能团在去除水体中有机物的作用机制。设计动力学和热力学实验，研究其最佳的吸附试验条件，以期为水体中有机污染物的处理提供可靠的理论指导。

3.1　实验材料与方法

3.1.1　材料与仪器

有关药品与仪器分别见表 3-1、表 3-2 所列。实验用 2，4- 二氯苯酚模拟废水。

表3-1　药品列表

药品	规格
玉米秸秆	—
2，4- 二氯苯酚	
硝酸	分析纯
氢氧化钠	

表3-2　仪器列表

仪器	型号
紫外分光光度计	SPECORD 200
管式炉	NBD-OI 200
傅立叶红外光谱仪	Nicoleti S10
循环水真空泵	SHZ-DIII
全温培养摇床	QYC-2102C
数控超声波清洗器	KQ5200DB
真空干燥箱	DZF-6020
分析天平	—

3.1.2　实验方法

3.1.2.1　玉米秸秆生物质炭的制备

将用蒸馏水清洗过的玉米秸秆置于电热鼓风干燥箱中，105 ℃烘 12 h，再将经烘干处理后的玉米秸秆置于马弗炉中，氮气氛围下以 30 ℃起始温度，2 ℃/min 升温至目标温度（300 ℃、400 ℃、500 ℃），恒温 4 h，又以 2 ℃/min 降温，取出的粉末活性炭过 3×10^5 nm 筛子即得实验所需的吸附剂，装袋备用。

3.1.2.2　2,4-DCP 吸附实验

热力学实验：在 7 个 100 mL 锥形瓶中分别加入 0.05 g 改性活性炭，再分别加入 50 mL 初始质量浓度为 10 mg/L、20 mg/L、30 mg/L、40 mg/L、50 mg/L、70 mg/L、100 mg/L 的 2,4-二氯苯酚溶液，置于全温培养摇床中，温度分别设为 25 ℃、35 ℃、45 ℃，转速为 160 r/min，振荡 2 h，过 0.45 μm 转速滤膜，滤出液中 2,4-DCP 浓度采用紫外分光光度计测定，检测波长为 286 nm。

动力学实验：准确称取 0.05 g NaOH 改性的玉米秸秆生物质炭于 250 mL 锥形瓶中，再加入 150 mL 初始质量浓度为 50 mg/L 的 2,4-二氯苯酚溶液，置于全温培养摇床中，在 25 ℃条件下 160 r/min 振荡一定时间（分别为 0.25 h、0.5 h、0.75 h、1.0 h、1.33 h、1.66 h、2.0 h），过 0.45 μm 转速滤膜，滤出液中 2,4-DCP 浓度采用紫外分光光度计测定，检测波长为 286 nm。

影响因素实验：吸附剂用量（0.2 ~ 6 g/L）、不同改性剂（NaOH、HNO_3）和玉米秸秆生物质炭制备温度（300 ℃、400 ℃、500 ℃）。其余步骤同上，按式（3-1）计算玉米秸秆生物质炭的吸附效率。

$$W = \frac{C_0 - C}{C_0} \times 100\% \qquad （3-1）$$

式中，W 为 2,4-二氯苯酚去除率；C_0 为 2,4-二氯苯酚吸附前的质量浓度，单位 mg/L；C 为吸附后 2,4-二氯苯酚的平衡浓度，单位 mg/L。

3.2 结果与讨论

3.2.1 吸附性能研究

3.2.1.1 吸附剂用量对吸附效果的影响

在盛有 50 mL 初始质量浓度为 50 mg/L 的 2,4-DCP 溶液的 7 个 100 mL 锥形瓶中，分别准确称取 0.01 g、0.02 g、0.025 g、0.05 g、0.1 g、0.2 g、0.3 g 的玉米秸秆生物质炭放入，不调节 pH，在 25 ℃、160 r/min 条件下的全温培养摇床中振荡 2 h，取上清液用微孔滤膜过滤，重复 3 次操作，再测定 2,4-DCP 的浓度。

由实验数据绘制成图 3-1。由图 3-1 可知，当吸附剂用量从 0.01 g 增加到 0.05 g 时，吸附效率由 29.27 % 增加到 51.93 %，而吸附剂用量由 0.05 g 增加到 0.3 g 时，吸附效率变化不明显。

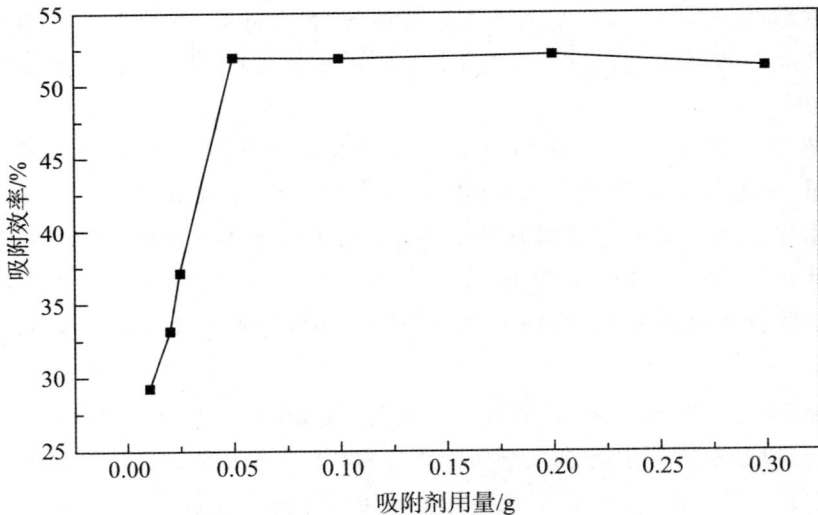

图 3-1 吸附剂用量对吸附效果的影响

3.2.1.2 不同改性剂对吸附效果的影响

如图 3-2 所示，分别用 HNO$_3$ 和 NaOH 对玉米秸秆生物质炭改性。取改性后的在 400 ℃焙烧温度下制备的玉米秸秆生物质炭以及未改性玉米秸秆生物质炭各 0.2 g 分别加入 50 mL 初始质量浓度为 50 mg/L 的 2,4-二氯苯酚中。结果表明，经 NaOH 改性的玉米秸秆生物质炭吸附效率最高达 94.47%，用 HNO$_3$ 改性后的吸附效率为 86.53%。综合考虑，选用 NaOH 作为本次实验的改性剂。

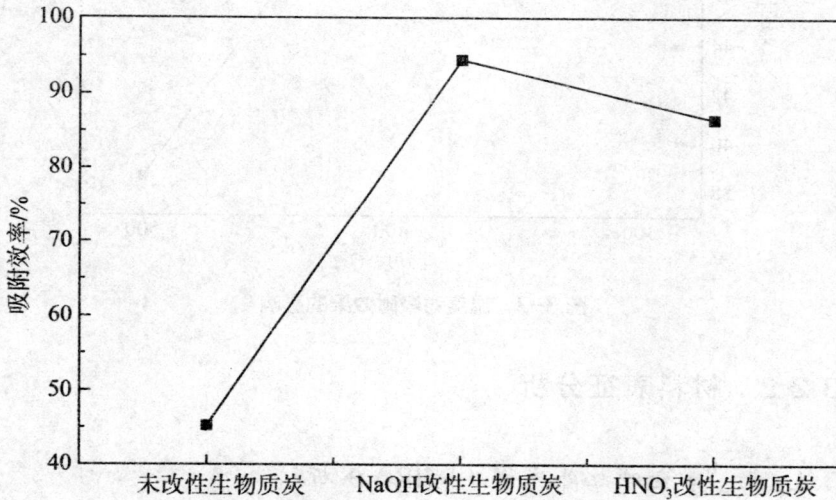

图 3-2　改性剂对吸附效果的影响

3.2.1.3　最佳炭化温度

用分析天平称取分别在 300 ℃、400 ℃、500 ℃焙烧且用 NaOH 改性的玉米秸秆生物质炭 0.05 g 放入 100 mL 锥形瓶中，再分别加入 50 mL 初始质量浓度为 50 mg/L 的 2,4-二氯苯酚，在 25 ℃、160 r/min 条件下的全温培养摇床中振荡 2 h。取上清液，用微孔滤膜过滤，重复 3 次操作，再测定 2,4-二氯苯酚的浓度。由实验所得数据绘制成图 3-3。由图 3-3 知，在 300～400 ℃焙烧温度制备的玉米秸秆生物质炭，对 2,4-二氯苯酚的吸附去除率增大，在 400～500 ℃制备的，吸附去除率骤然降低，这是因为高温破坏了纤维的链状结构，从而影响到生物质炭的孔结构和微孔数量。由此可知，炭化温度对玉米秸秆生物质炭的吸附效果有显著影响。

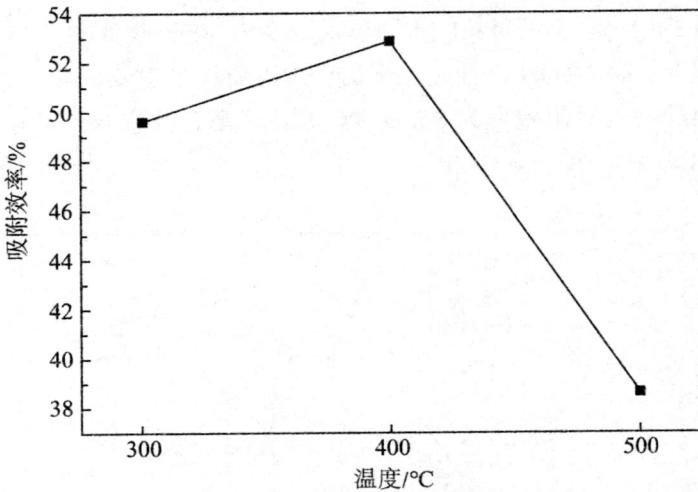

图 3-3　温度对吸附效果的影响

3.2.2　材料表征分析

3.2.2.1　傅立叶红外光谱（FTIR）分析

红外吸收光谱是鉴别材料表面官能团最直接有效的一种手段。本实验的未改性生物质炭、NaOH 改性生物质炭、HNO_3 改性生物质炭的傅立叶红外光谱图如图 3-4 所示。NaOH 改性的玉米秸秆生物质炭在 1 250 cm^{-1} 处出现一个明显的吸收峰，而另外两种活性炭没有该峰，这是因为用 NaOH 改性使活性炭出现新的官能团 C═O。1 350 cm^{-1} 处出现 C═C—H 吸收峰，1 600 cm^{-1} 处出现芳环或 C═C 的特征峰，在这两个波长的位置 NaOH 改性活性炭的峰强要高于另外两种活性炭，这表明了 NaOH 改性对活性炭的影响。1 380 ～ 1 470 cm^{-1} 波数范围内重叠的吸收光谱可能是 C═C—H 中各 C–H 表面羟基的面内变形振动；1 500 ～ 1 600 cm^{-1} 左右出现的尖峰可能是非共轭酮、羧基或酯基中 C═O 的特征吸收峰。药星星指出，活性炭在吸附苯酚的过程中活性炭表面的羰基、羧基基团会与苯酚反应，进而提高了活性炭对苯酚的吸附效率。由此推知，利用 NaOH 改性玉米秸秆生物质炭可选择性地保留和增加部分含氧基团，从而提高对 2，4–DCP 的吸收效率。

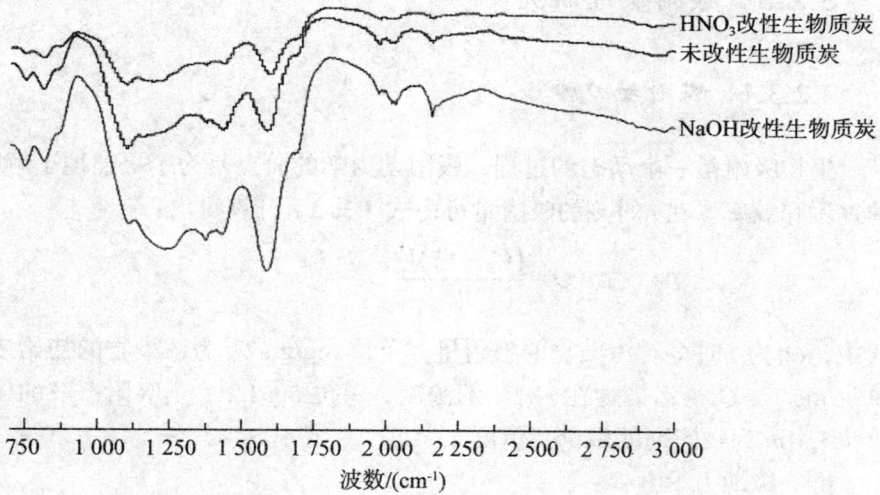

图 3-4　NaOH 改性活性炭、HNO₃ 改性活性炭和未改性活性炭的 FTIR 图

3.2.2.2　比表面积（BET）分析

对按照最优试验条件制备得到的未改性玉米秸秆生物质炭和 NaOH 改性玉米秸秆生物质炭，进行比表面积和孔径分析。表 3-3 为未改性的与 NaOH 改性的玉米秸秆生物质炭比表面积、平均孔隙直径、总孔容的基本情况。NaOH 改性生物质炭比表面积为 42 m^2/g，比未改性生物质炭的增加了 281.8%，表明活性炭原有的孔隙结构得到了明显改善；NaOH 改性生物质炭平均孔隙直径为 48.7 nm，相比未改性的增加了 178.3%，这是因为玉米秸秆生物质炭经过 NaOH 改性后孔隙中的杂质与灰分被去除，同时在生物质炭表面引入了碱性官能团。实验表明，与未改性的玉米秸秆生物质炭相比，NaOH 改性使其孔隙发育更完全，有利于吸附。

表3-3　未改性的与NaOH改性生物质炭样品结构性能

样品	比表面积 /（$m^2 \cdot g^{-1}$）	总孔容 /（$cm^3 \cdot g^{-1}$）	平均孔径 /nm
未改性生物质炭	11	0.016 87	17.5
NaOH 改性生物质炭	42	0.015 97	48.7

3.2.3 吸附机理研究

3.2.3.1 吸附动力学

生物吸附是一个动态的过程，吸附动力学的研究是为了更加地了解吸附的过程和效率。在 t 时刻的吸附量可由式（3-2）计算得出：

$$Q_t = \frac{(C_0 - C_t)V}{W} \tag{3-2}$$

式中，Q_t 为 t 时刻对污染物的吸附量，单位 mg/g；C_0 为污染物的初始浓度，单位 mg/L；C_t 为污染物在 t 时刻的浓度，单位 mg/L；V 为吸附溶液的体积，单位 L；m 为吸附剂的用量，单位 g。

准一级动力学方程：

$$\frac{1}{Q_t} = (\frac{K_1}{Q_{m1}})(\frac{1}{t}) + \frac{1}{Q_{m1}} \tag{3-3}$$

式中，Q_t 为 t 时刻的吸附量，单位 mg/g；Q_{m1} 为吸附平衡时的吸附量，单位 mg/g；K_1 为吸附常数。

由金属吸附推导而来的动力学方程为准二级动力学模拟方程，如式（3-4）所示，这个模型适用于控制整个过程的速率。

$$\frac{t}{q_t} = \frac{1}{k_2 q_{m2}^2} + \frac{t}{q_{m2}} \tag{3-4}$$

式中，q_{m2} 为准二级动力学模拟方程的最大吸附量，单位 mg/g；k_2 为吸附系数。

本实验准一级、准二级动力学模型的拟合参数分别见表 3-4、表 3-5 所列。由表 3-4 和表 3-5 可知，对于在不同温度下制备的 NaOH 改性生物质炭的准一级动力学方程拟合结果的 R^2 分别为 0.956 2、0.401 6、0.655 2，准二级动力学拟合结果的 R^2 分别是 0.993 0、0.933 0、0.900 3，准二级动力学方程相关系数 R^2 均高于准一级动力学方程的，因此准二级动力学方程能更好地描述改性玉米秸秆活性炭对 2，4- 二氯苯酚的吸附过程。这说明 NaOH 改性活性炭吸附 2，4- 二氯苯酚的吸附动力学主要是受化学作用控制，而不是受物质传输步骤控制。由红外测试结果知，准二级吸附动力学方程描述的改性玉米秸秆生物质炭吸附 2,4- 二氯苯酚的动力学过程，既包含物理吸附，又包含化学吸附，但以化学吸附为主。

表3-4 准一级动力学模型拟合参数

样品	Q_t / (mg · g^{-1})	R^2
300 ℃改性生物质炭	59.95	0.956 2
400 ℃改性生物质炭	96.69	0.401 6
500 ℃改性生物质炭	109.95	0.655 2

表3-5 准二级动力学模型拟合参数

样品	Q_t / (mg · g^{-1})	R^2
300 ℃改性生物质炭	59.95	0.993 0
400 ℃改性生物质炭	96.69	0.933 0
500 ℃改性生物质炭	109.95	0.900 3

3.2.3.2 等温吸附

等温吸附方程是描述在一定温度下吸附量与压力的关系式。目前已经建立了许多模型用于拟合吸附等温线数据，其中 Langmuir 方程和 Freundlich 方程是生物吸附等温线中最常见的两种吸附模型。

Langmuir 等温方程：

$$\frac{1}{Q_t} = \frac{1}{Q_m} + \frac{1}{Q_m K_L C_V} \tag{3-5}$$

式中，Q_t 为吸附剂上 2,4- 二氯苯酚平衡吸附量，单位 mg/g；Q_m 为吸附剂的单层最大吸附容量，单位 mg/g；K_L 为 Langmuir 吸附常数，代表吸附自由能，单位 L/mg；

Freundlich 等温方程：

$$Q_e = K_F C_e^{\frac{1}{n}} \tag{3-6}$$

式中，Q_e 为溶液中 2,4- 二氯苯酚吸附平衡时的质量浓度，单位 mg/L；K_F（单位 L/g）和 $1/n$ 均为 Freundlich 常数，K_F 与吸附剂的吸附能力有关，值越大亲和力就越强；$1/n$ 值与不均匀性有关，一般认为其值介于 $0 \sim 1$ 时容易吸附。

在一般情况下，为了判断该模型的准确性以及方程中的 K_F 和 $1/n$ 值，将式（3-6）的两边取对数，变为

$$\ln Q_e = \ln K_F + \frac{1}{n}\ln C_e \qquad\qquad （3-7）$$

在相同条件下，对 Langmuir、Freundlich 两种等温方程式进行拟合，主要拟合参数分别见表 3-6、表 3-7 所列。由表 3-6、表 3-7 可知，Freundlich 模型的相关系数 R^2 大于 Langmuir 模型的相关系数 R^2，这说明 Freundlich 模型能更好地描述 NaOH 改性玉米秸秆生物质炭吸附 2，4- 二氯苯酚的吸附行为。Freundlich 模型拟合的 K_F 值分别是 8.5、10.5、5.1，$1/n$ 均小于 1，表明 NaOH 改性的玉米秸秆生物质炭表面粗糙，有利于对 2，4- 二氯苯酚的吸附，且吸附是非均一的多层吸附。

表3-6　Langmuir吸附等温模型主要拟合参数

温度 /K	R^2
298	0.919 0
308	0.813 4
318	0.933 5

表3-7　Freundlich吸附等温模型主要拟合参数

温度 /K	$K_F/$（$L \cdot g^{-1}$）	$1/n$	R^2
298	8.5	0.037 1	0.937 5
308	10.5	0.023 1	0.971 4
318	5.1	0.046 9	0.809 3

3.3　本章小结

（1）玉米秸秆在 400 ℃焙烧制备的生物质炭对 2，4- 二氯苯酚的吸附效率最高。经 NaOH 改性的玉米秸秆生物质炭的比表面积和平均孔隙直径都高

于未改性的玉米秸秆生物质炭。比表面积越大，孔径结构越丰富，提供的吸附位点越多，对 2，4- 二氯苯酚的吸附能力就越强。

（2）准二级动力学方程能较好地描述改性玉米秸秆生物质炭吸附 2，4- 二氯苯酚的动力学过程，其 R^2 可达 0.993 5，吸附主要以化学吸附为主。Freundlich 模型也可较好地描述 NaOH 改后玉米秸秆生物质炭对 2，4- 二氯苯酚的热力学过程，其 R^2 可达 0.971 4。

（3）玉米秸秆生物质炭对低浓度 2，4- 二氯苯酚有较强的吸附作用，可作为制备优质活性炭的原料。将玉米秸秆制成生物质炭不仅有利于拓宽活性炭原料的来源，还可以减少因焚烧麦秆造成的环境污染，实现变废为宝。玉米秸秆具有较高的开发应用价值。

第 4 章　麦秆基磁性分子印迹材料对环丙沙星的吸附性能研究

开发用于对复杂水环境中抗生素类污染物具有高选择性的绿色吸附剂是目前吸附研究的热点之一。残留抗生素是环境中的新型污染物，国内外媒体报道过从自然环境和生产食品样本中检测出少量浓度、不同类别的抗生素。新型合成杀菌性环丙沙星（CIP）抗菌药是喹诺酮类的哌嗪基衍生物，被广泛用在人体治疗和禽类、牛羊畜牧类、鱼类等养殖业。残留在环境中的 CIP 由于其功能结构较稳定、自然降解复杂、又参与生物代谢反应，所以引起的抗性细菌对人类和各类自然生物群落会产生潜在威胁。因此环境中微量 CIP 有效去除的相关研究在不断进行，就目前新型吸附 CIP 材料有以氢键、阳离子键桥和给电子 – 受体作用吸附的镀镍藻酸盐颗粒，以 CIP 苯环上氨基和 F 原子的供电子作用吸附的磁性富勒烯纳米复合材料，以孔道扩散作用、氢键作用、苯环之间供受电子形成的 π–π 键作用为主要吸附力的 $\gamma-Fe_2O_3$ / 花生壳磁性生物炭等，它们对 CIP 有去除能力并且可重复利用，实际应用在复杂的环境中易受到其他类似物质干扰，导致材料针对性弱而增加成本。

表面分子印迹材料是一种抗干扰、选择性强、灵敏的吸附材料，配合赋磁基体可在磁场作用下回收并循环使用，避免离心回收方式的损失。高选择性的分子印迹技术的显著优势是，可以依据目标污染物的立体空间构造、几何轮廓形成具有记忆性质的匹配活性点，实现特异性识别吸附。建立在大比表面积材料表面的分子识别位点、适当的包埋位点深度可促进更多有效位点的分子扩散，增强吸附 / 脱附能力和提高再生效率。毛艳丽等以磁化伊利石、磁性核桃壳生物质炭颗粒为载体，甲基丙烯酸为功能单体制备的吸附材料在牛奶液中分离抗生素并结合高效液相色谱分析，表明制备的吸附材料达到了良好的选择富集效果。Naphat Yuphin Tharakun（奈哈·尤芬·塔拉昆）等在羧基功能化磁性碳纳米管表面形成含有硅烷基功能单体的聚合层，并嵌入具有光学特性的 CdTe 量子点，制成用于鸡肉和牛奶中高选择性识别环丙沙星的光传感器，低含量线性校准的印迹因子为 4.28，检测限为 0.006 μg/mL 。王露等在温和条件下使用多巴胺功能单体，自聚合在 $GO/CoFe_2O_4$ 磁性颗粒表面，吸附剂经 50 次循环使用后吸附 CIP 容量由最初的 39 mg/L 下降至 36 mg/L，仅减少 7.7%。磁性分子印迹材料的快速高效、绿色重复使用让其具备在复杂液相环境中优先吸附痕量目标物质的能力。

近年来，将农林废弃物资源化符合可持续发展理念，大多农林废弃物具有多孔结构和生物有机物携带的大量官能团，用其开发的吸附材料已经广泛用于吸附环境中各类极性或非极性有机污染物。小麦是中国重要的农作物，每年会产生大量秸秆废弃物。小麦秸秆不仅获得范围广、孔隙多、富含植物纤维，而且携带大量有机物。

本章通过溶剂热合成法利用小麦秸秆制备磁性生物碳质球，并用 KH-570 对磁性生物碳质球表面进行乙烯功能化修饰。以乙烯基功能化的磁性碳微球为基质材料，在甲醇与水混合体系中以环丙沙星（CIP）为模板，N，N′-亚甲基双丙烯酰胺（BIS）、乙二醇二甲基丙烯酸酯（EGDMA）为交联剂和甲基丙烯酸羟乙酯（HEMA）、4-乙烯基吡啶（4-VP）为功能单体，在 2，2′-偶氮二异丁基脒二盐酸盐（AIBA）引发下反应生成含有壳层聚合物的磁性复合材料，最终将该磁性生物碳质球用于选择性识别与分离水溶剂中的环丙沙星。

4.1　实验材料与方法

4.1.1　材料与仪器

药品和仪器分别见表 4-1、表 4-2 所列。

表4-1　药品列表

药品	规格
环丙沙星（CIP）	
乙二醇二甲基丙烯酸酯（EGDMA）	
N，N′-亚甲基双丙烯酰胺（BIS）	
KH-570	
磺胺二甲基嘧啶（SM2）	分析纯
恩诺沙星（ENR）	
四环素（TC）	
2，2′偶氮二异丁基脒二盐酸盐（AIBA）	
甲基丙烯酸羟乙酯（HEMA）	

续　表

药品	规格
4- 乙烯基吡啶（4-VP）	
甲醇	
乙醇	分析纯
$FeCl_3 \cdot 6H_2O$	
丙酸	
小麦秸秆	—

表4-2　仪器列表

仪器	型号
傅立叶变换红外装置	7600
热重分析仪（25 ~ 800℃）	STA 449C
原子吸收分光光度计	A Analgst300
高效液相色谱仪	Ultimate 3000
紫外可见分光光度计	T2600

4.1.2　实验方法

4.1.2.1　麦秆基磁性生物质碳材料的制备

先将干燥小麦秸秆研磨过 60 目筛，将 $FeCl_3 \cdot 6H_2O$、过筛后的干燥小麦秸秆和乙醇按 1 : 2 : 200（g : g : mL）的比例混合，室温下磁力搅拌 20 h，在 60 ℃烘箱中烘干后，再在 80 ℃的丙酸蒸汽中浸湿 24 h。管式炉以 3.0 ~ 5.0℃ /min 升温至 400 ℃后，保持该温度将上述浸湿后的混合物煅烧 2 h，在煅烧过程中通入定流量的氮气。使用超声设备使三口烧瓶中的 5 g 磁性生物质炭、5 mL KH-570 和 300 mL 乙醇分散均匀，室温下 300 r/min 机械搅拌 24 h，得到改性的磁性生物质碳材料，真空干燥至恒重。

4.1.2.2 麦秆基磁性分子印迹材料的制备

依次将 1 mol CIP、3 mol HEMA 和 3 mol 4–VP 加入甲醇与水（$V:V = 3:1$）的混合液中，整个体系放入氮气氛围中与外界隔离，使用超声设备处理 10 ～ 30 min；之后将 20 mol EGDMA 和 1.5 mol BIS 加入上述混合溶液，搅拌至完全溶解后加入 KH–570 改性的磁性生物质碳材料，然后向上述混合液中加入 1 mmol AIBA。在室温氮气条件下反应 24 h 后，材料由钕铁硼（Nd–Fe–B）吸出，用乙醇、蒸馏水反复洗涤，再用乙酸和甲醇（$V:V = 1:9$）的混合液索氏提取 24 h，直至排出的再生溶剂中环丙沙星分子浓度达到最低检测限以下，60 ℃真空干燥，即得麦秆基磁性分子印迹材料（MNIPs）。

麦秆基磁性非印迹材料（MNIPs）的制备过程不加入 CIP，其他步骤与上述相同。

4.1.2.3 吸附实验

10 mg MMIPs 和 10 mg MNIPs 分别与 10 mL 初始浓度 10 ～ 400 mg/L 的 CIP 溶液混合，25 ℃恒温振荡 60 min，考察吸附材料的等温吸附行为；25 ℃恒温下将 10 mg MMIPs 和 10 mg MNIPs 磁微球材料分别与浓度为 100 mg/L 的 20 mL CIP 水溶液混合，静置反应 5 ～ 120 min，不同时间点进行 CIP 剩余浓度测量，考察材料的吸附动力学过程；在相同 CIP 分子初始浓度溶液中加入 1.0 mol/L HCl 或 1.0 mol/L NaOH，调整 pH 到 2.0 ～ 11.0，对比观察研究 pH 对吸附目标形态、吸附容量变化率、平衡时间的影响。利用 Nd–Fe–B 分离上述溶液中分散状态的磁性碳质颗粒。调整吸收波长为 276 nm，待被吸附溶液静置后取上清液测吸光度。吸附率和吸附量计算式如式（4–1）、式（4–2）所示：

$$E = \frac{C_0 - C}{C_0} \times 100\% \qquad (4-1)$$

$$q_e = \frac{(C_0 - C_e)V}{m} \qquad (4-2)$$

式中，E 为污染分子吸附率；q_e 为磁性颗粒吸附 CIP 容量，单位 mg/g；C_0 为初始浓度，单位 mg/L；C_e 为平衡浓度，单位 mg/L；V 为溶液体积，单位 L；

m 为吸附剂用量，单位 g。

将 MMIPs 和 MNIPs 对 CIP 的吸附结果进行拟合。

拟一级吸附动力学方程：

$$\log(q_e - q_t) = \log q_e - (\frac{K_1}{2.303})t \qquad (4-3)$$

拟二级吸附动力学方程：

$$\frac{t}{q_t} = \frac{1}{k_2 q_e^2} + \frac{t}{q_e} \qquad (4-4)$$

式（4-3）、式（4-4）中，q_e 为最优吸附量，单位 mg/g，q_t 为 t 时刻的吸附量，单位 mg/g；k_1 为拟一级吸附过程速率系数，单位 L/min；k_2 为拟二级吸附过程速率系数，单位 g/（mg·min）。

MMIPs 和 MNNIPs 对 CIP 的吸附平衡稳定时的数据使用 Langmuir 和 Freundlich 等温模型拟合，可通过模型拟合度确定吸附剂与污染物之间的吸附层性质。

Langmuir 吸附等温经验公式为

$$\frac{C_e}{q_e} = \frac{C_e}{q_m} + \frac{1}{K_L q_m} \qquad (4-5)$$

Freundlich 吸附等温经验公式为

$$\ln q_e = \ln K_F + \frac{1}{n} \ln C_e \qquad (4-6)$$

式中，q_e 为平衡状态容量，单位 mg/g；q_m 为饱和容量，单位 mg/g；C_e 为动态平衡浓度，单位 mg/L；K_L（单位 L/mg）和 K_F（单位 g/L）是相常数；n 为常数，在 2 ~ 10 表示易于吸附。

4.2 结果与讨论

4.2.1 材料的理化性能表征

4.2.1.1 红外分析

图 4-1 为小麦秸秆生物质碳、麦秆基磁性生物质碳材料、麦秆基磁性分子印迹材料的傅立叶红外变换光谱。由图 4-1 知，小麦秸秆基体使 3 种

材料的图谱中存在相似的吸收峰。由图 4-1（a）可知，3 428 cm⁻¹ 处的吸收峰对应 O—H 的伸缩振动，2 929 cm⁻¹ 处的弱吸收峰可能是—CH₂—基团的不对称伸缩振动，1 622 cm⁻¹ 和 1 435 cm⁻¹ 处对应芳香环中 C═C 骨架的伸缩振动，1 056 cm⁻¹ 处附近有一定宽度的吸收峰对应着羧酸、醇、酯中的 C—O 伸缩振动，这说明小麦秸秆中的纤维素等有机含量较多且存在丰富的基团。由图 4-1（b）可知，麦秆基磁性生物质碳材料在 583 cm⁻¹ 和 530 cm⁻¹ 处出现的是 Fe₃O₄ 纳米微球表层 Fe—O 键特征吸收峰，这说明基质材料成功赋磁，还可观察到磁性物质的引入导致一些吸收峰发生了微小的偏移。由图 4-1（c）可知，1 730 cm⁻¹ 处的吸收峰对应羧基 C═O 的伸缩振动，1 538 cm⁻¹ 处的吸收峰对应功能单体 HEMA 或交联剂 BIS 的 C═C 双键伸缩振动，1 275 cm⁻¹ 处的高强度吸收峰对应交联剂 EGDMA 分子酯基 C—O 对称振动，这表明麦秆基磁性生物质碳材料表面上 HEMA 和 4-VP 两种功能单体在 AIBA 引发体系中成功被 BIS 和 EGDMA 交联。

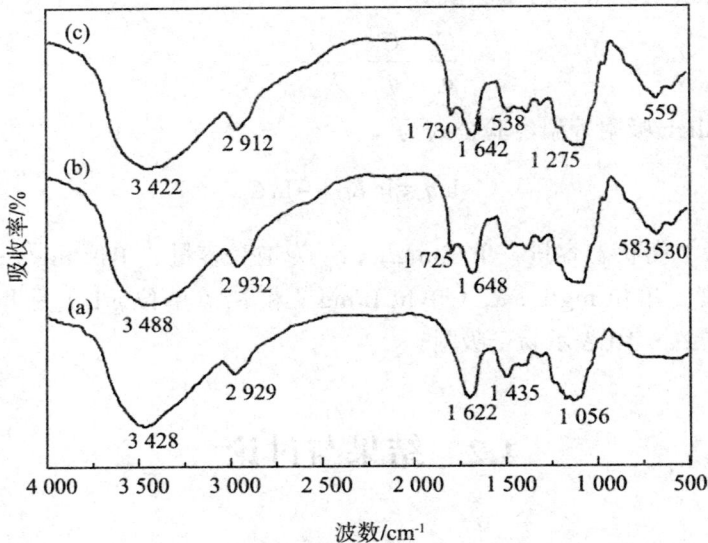

（a）小麦秸秆生物质碳； （b）麦秆基磁性生物质碳材料； （c）麦秆基磁性分子印迹材料

图 4-1　傅立叶红外光谱图

4.2.1.2　TGA 分析

图 4-2 为麦秆基磁性生物质碳材料、麦秆基磁性分子印迹材料

（MMIPs）、麦秆基磁性非印迹材料（MNIPs）3 种吸附剂的热重分析图。从图 4-2 中得出：800 ℃内 Fe_3O_4 具有良好的热稳定性；300 ℃内，麦秆基磁性生物质碳材料、MMIPs 和 MNIPs 的稳定性受温度变化的影响较小，少量的重量损失是材料内部水分蒸发所致；300 ～ 550 ℃时，MMIPs 和 MNIPs 表现出相似的重量损失变化且重量损失曲线的斜率远大于麦秆基磁性生物质碳材料重量损失曲线的斜率，分别损失原重量的 65.38%、66.84%，而不含有机聚合层的麦秆基磁性生物质碳材料损失为 13.95%，因此 MMIPs、MNIPs 的重量损失原因归结为印迹聚合层中的化合物受热破坏分解或挥发至空气中；600 ℃时，磁性聚合物颗粒主要是热阻性的 Fe_3O_4 和少量的碳；600 ℃后，若有机物完全分解，残留的物质应该是聚合态的 Fe_3O_4，且 MMIPs 的平均基质含量略高于 MNIPs 的，这有利于聚合薄层的附着。

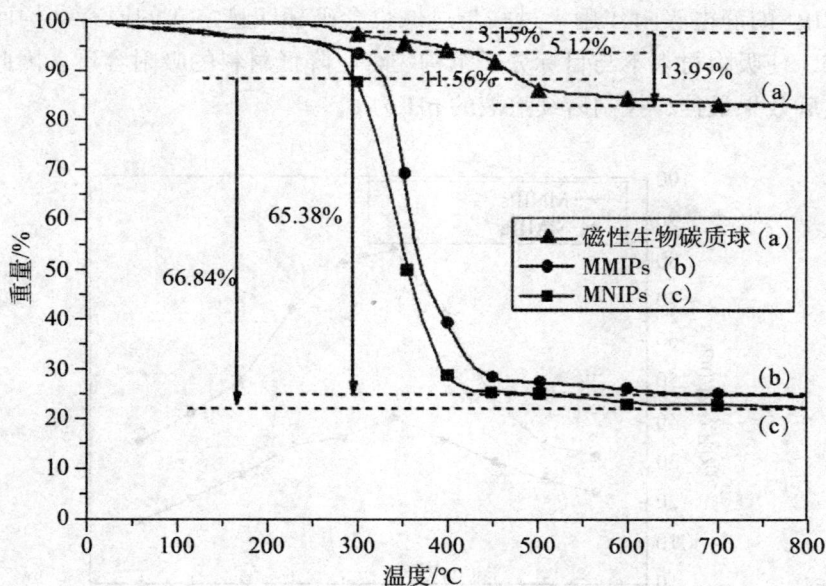

图 4-2　不同吸附剂的热重分析图

4.2.2　pH 对吸附效果的影响

图 4-3 为 MMIPs、MNIPs 在不同初始 pH 对 CIP 吸附效果图。从图 4-3 中得出，当 pH 为 6 时，MMIPs 和 MNIPs 对 CIP 的最大吸附容量分别为 84.25 mg/g 和 41.45 mg/g，这表明添加分子模板形成的特定结构空穴在很大

程度上提升了印迹材料的吸附能力。溶液的 pH 对 MMIPs 和 MNIPs 的吸附性能有显著影响，即 pH 的变化影响吸附材料表面电荷和 CIP 分子形态，继而影响吸附容量。pH 为升高趋势时，CIP 分子中—COOH 和质子化—NH$_2^+$—的脱氢 pH 值分别用低 pK_a（=6.10）和高 pK_a（=8.70）表示。当 pH< 低 pK_a 时，CIP 分子中的含氮基团以—NH$_2^+$—存在，导致酸性溶液中 H$^+$ 与形成的离子态 CIP$^+$ 发生竞争吸附；当 pH> 高 pK_a 时，CIP 分子上的—COOH 脱去 H 且—NH$_2^+$—去质子化，使分子主要以 CIP$^-$ 形态存在，碱性溶液中 OH$^-$ 同样会与 CIP$^-$ 发生竞争吸附。因分子印迹材料的空穴具有预设性，脱除模板后，在吸附过程中如果目标分子的形态发生变化，会导致分子的半径和匹配空穴的基团不相对应，而降低吸附材料的选择性和吸附容量。另外，当 5<pH< 低 pK_a，MMIPs 和 MNIPs 表面带有负电荷，这有利于发挥吸附材料与 CIP$^+$ 的静电吸附作用。过酸与过碱也会破坏印迹空穴的原有结构而造成塌陷，使吸附材料不与目标分子结构吻合，降低材料的吸附容量。因此为确保实验效果最佳，控制后续溶液的 pH 为 6。

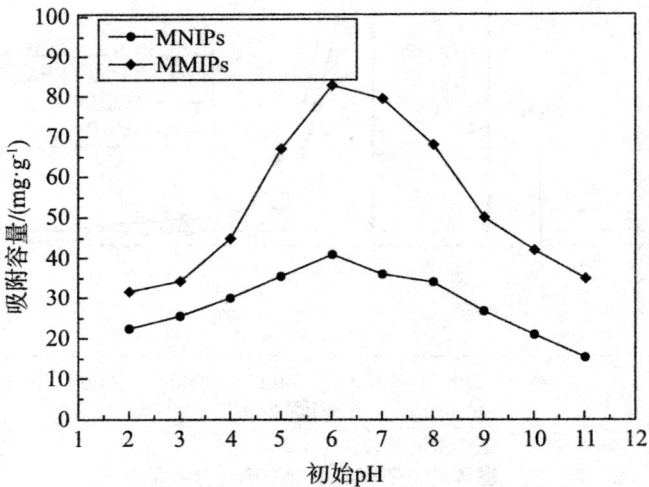

图 4-3　pH 对 MMIPs 和 MNIPs 吸附 CIP 性能的影响

4.2.3 吸附机理探究

4.2.3.1 等温吸附和吸附动力学

如图 4–4 所示为 MMIPs 和 MNIPs 对 CIP 的吸附等温线。从图 4–4 中可看出，添加了分子模板的吸附材料对 CIP 的平衡吸附容量更大，这表明 MMIPs 对印迹分子具有吸附特异性。溶液的 CIP 动态平衡浓度从 0 到 100 mg/g，吸附平衡容量随着平衡浓度的增大而增大，这是因为定量的吸附剂经表面结合、内部扩散吸附溶质，大量的活性位点没有被完全占用，此过程初始溶质浓度为吸附的限制因素。溶液的 CIP 动态平衡浓度从 100 mg/L 到 350 mg/L，吸附平衡容量上升缓慢，这是因为 MMIPs 和 MNIPs 的平衡浓度位点饱和，吸附材料表面孔径堵塞，导致传质系数下降，通过溶液的浓度梯度推动吸附。

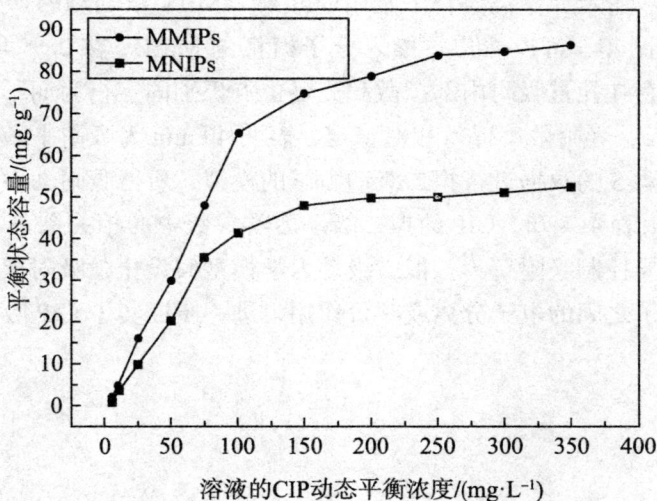

图 4–4 MMIPs 和 MNIPs 对 CIP 的吸附等温线

Langmuir 和 Freundlich 模型的等温吸附常数见表 4-3 所列。从表 4-3 中可以看出，MMIPs 的实际吸附容量约为 MNIPs 的两倍，显示了 MMIPs 能有效去除 CIP；MMIPs 的 K_L 值明显低于 1.0，这有利于对 CIP 的吸附；相关系数 R^2 表明 MMIPs 和 MNIPs 对 CIP 的吸附都更符合 Langmuir 模型，MMIPs 的最大吸附量为 86.46 mg/g。

表4-3 Langmuir 和Freundlich 模型的等温吸附常数

样品	实验最大吸附量 $q_{m,exp}$/ （mg·g⁻¹）	Langmuir 模型			Freundlich 模型		
		$q_{m,cal}$/ （mg·g⁻¹）	K_L/（L·mg⁻¹）	R_L^2	K_F/（g·L⁻¹）	n	R_F^2
MMIPs	82.26	86.46	0.031 8	0.999	1.536	2.757	0.922
MNIPs	49.87	52.33	0.030 2	0.999	1.612	2.123	0.935

注：$q_{m,exp}$、$q_{m,cal}$ 分别为吸附量的实际实验最大值、理论最大值。

如图 4-5 所示为室温条件下吸附时间对 MMIPs 和 MNIPs 吸附 CIP 性能的影响。从图 4-5 可以看出，掺入分子模板的 MMIPs 在 0 ～ 40 min 阶段，吸附效率因存在孔道吸附内部扩散和充足位点识别固定行为而不断上升；在 40 ～ 120 min，吸附效率保持相对稳定，表明 40 min 为吸附平衡时间。按式（4-4）对图 4-5 的数据进行拟二级动力学的模拟，所得吸附动力学参数见表 4-4 所列。由表 4-4 知，CIP 的拟二级动力学参数中的相关系数 R^2 为 0.999，化学吸附主导控制吸附行为。拟二级动力学模型假设化学吸附导致吸附材料与污染物分子之间的电子分离或共价作用，进一步证实了 CIP 吸附的静电相互作用。

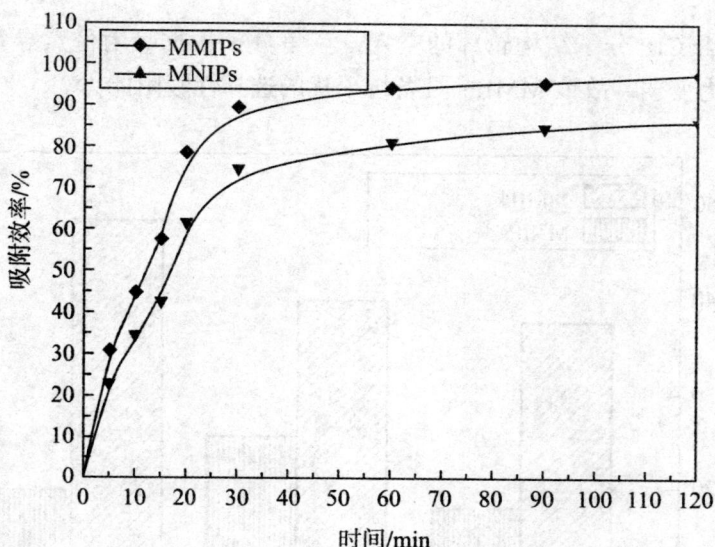

图 4-5　吸附时间对 MMIPs 和 MNIPs 吸附 CIP 性能的影响

表4-4　MMIPs和MNIPs的吸附动力学参数

样品	实验最大吸附量 $q_{m,exp}$/（mg·g^{-1}）	一级动力学模型			二级动力学模型		
		$q_{m1,cal}$/（mg·g^{-1}）	k_1/min^{-1}	R^2	$q_{m2,cal}$/（mg·g^{-1}）	k_2/（mg·g^{-1}·min^{-1}）	R^2
MMIPs	81.66	83.15	0.092	0.934	81.18	0.047	0.999
MNIPs	50.14	43.66	0.094	0.958	47.25	0.623	0.999

4.2.3.2　吸附剂的选择性及循环性

图 4-6 比较了含有 TC、ENR、SM2 二元竞争体系中 MMIPs 与 MNIPs 对 CIP 的去除率。MMIPs 对 CIP 保持相对较高的去除率，约为 MNIPs 的两倍，MMIPs 对 ENR 抗干扰性最强，对 TC 抗干扰性最弱。3 种竞争抗生素的分子结构和官能团存在差异，且分子携带的官能团在吸附剂空穴中的功能单体基团上识别位点的结合也存在差异，这造成了 MMIPs 在竞争体系中表现出不同的抗干扰性能。MMIPs 在竞争体系中由引入的离子模板脱附后在聚合层中形成大小不一的稳定空穴，可再次匹配 CIP 分子。同时，吸附材料位点官能团与 CIP 基团结合牢固，表现出了较稳定的选择性；非印迹聚合层

中缺少符合 CIP 分子结构轮廓的空穴，竞争分子占据吸附位点导致 MNIPs 的吸附能力变弱。故该 MMIPs 具备抗干扰的选择性吸附能力。

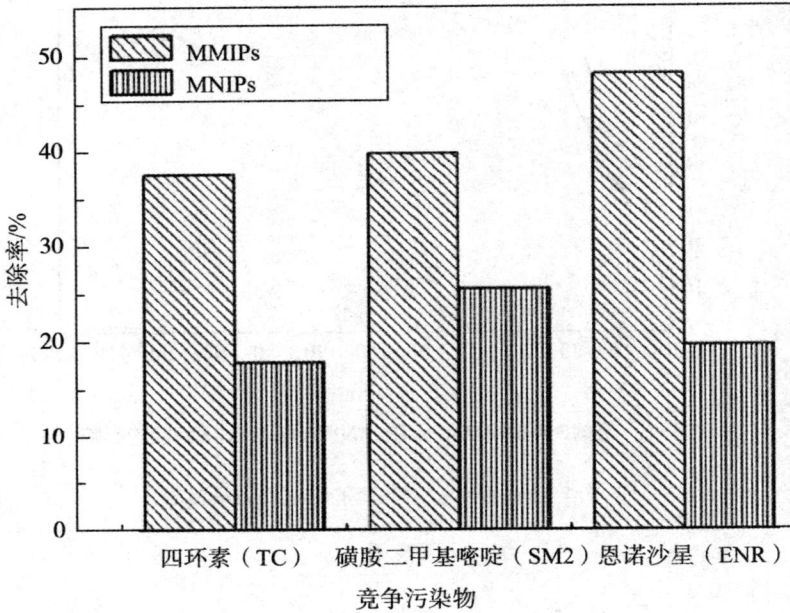

图 4-6　MMIPs 和 MNIPs 对 CIP 的选择性吸附

图 4-7 为 MMIPs 对 CIP 溶液进行 5 次吸附／脱附循环实验得到的 MMIPs 的平衡吸附量与吸附剂循环使用次数的关系。从图中可以看出，第一次平衡吸附量为 82.26 mg/g，经 5 次循环吸附／脱附后，其平衡吸附量仍然保持在 65% 以上，这说明该材料可重复性好，具有经济实用性。

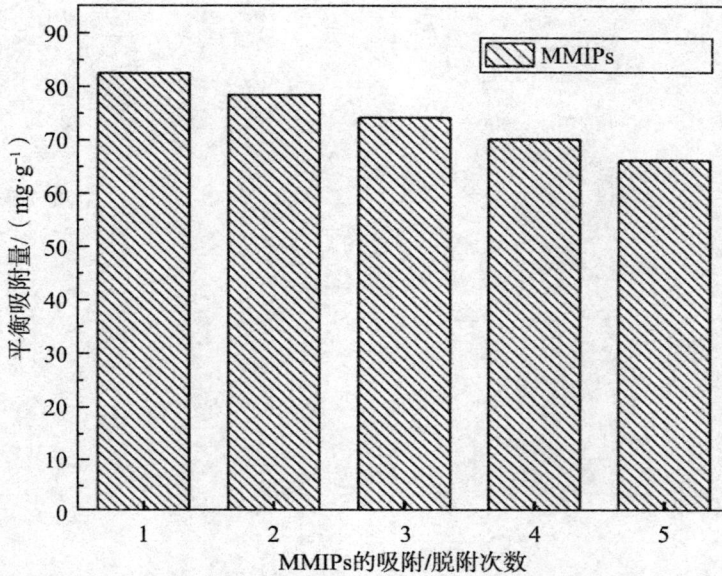

图 4-7　多次吸附 / 脱附循环后 MMIPs 的再生性能

4.3　本章小结

　　以乙烯基功能化的磁性麦秆为基质材料，CIP 为模板，4–VP 和 HEMA 为功能单体，BIS 和 EGDMA 为交联剂，AIBA 为引发剂，在甲醇与水的混合体系中制备出麦秆基磁性分子印迹材料 MMIPs。以拟二级动力学化学吸附为主模型能较好地描述 MMIPs 对 CIP 的吸附动力学行为。在 25 ℃条件下，MMIPs 的 Langmuir 等温吸附模型单分子层的主容量为 82.26 mg/g。该 MMIPs 实现了绿色、高效、高选择性的吸附性能。

第 5 章 Co$_3$O$_4$ 对 2，4- 二氯苯酚的吸附性能研究

　　氯酚类有机物广泛应用于炼焦、炼油、塑料和印染等行业，但由于其毒性强、难降解，具有致癌、致畸、致突变的潜在毒性，从而成为水体和土壤中常见的有机污染物。2，4－二氯苯酚（2，4-DCP）是典型的氯酚类污染物。对其的处理方法主要有吸附法、臭氧氧化法、膜过滤法和生物降解法等。其中，吸附法是应用最为广泛的方法。

　　李琦等报道了金属氧化铜对水中 As^{3+} 具有良好的吸附性能，且以化学吸附为主。赵炳翔等报道了氧化铝对水中 F^- 有很好的吸附效果，并且指出氧化铝对水中 F^- 的吸附性能与 F^- 初始浓度、pH、氧化铝用量、吸附温度密切相关。谢襄漓等利用沉淀法制备出的镁铝复合金属氧化物对苯酚具有良好的吸附性能。由此可见，金属氧化物被广泛应用于水处理方面，其中 Co_3O_4 也具有良好的吸附性能。如柳晓琴等报道了 Co_3O_4 对 Cr（Ⅵ）具有良好的吸附性能，且指出 Co_3O_4 对 Cr（Ⅵ）的吸附效果与吸附剂用量、pH 相关。李晓婷的报道表明，Co_3O_4 对刚果红具有良好的吸附效果，吸附过程以化学吸附为主。目前，有关 Co_3O_4 对重金属离子、刚果红等染料方面的吸附性能探究已取得诸多进展，然而 Co_3O_4 吸附处理 2，4-DCP 方面的报道很少见。

　　本章以硝酸钴 [Co（NO₃）₂·6H₂O] 为钴源，以 6 mol/L 氨水、1 mol/L NaOH 溶液、饱和碳酸铵溶液为沉淀剂，采用沉淀法制备出 Co_3O_4。通过对焙烧温度、pH、沉淀剂、吸附剂用量、2，4-DCP 初始质量浓度进行优化，进一步提升 Co_3O_4 对 2，4-DCP 的吸附性能，并结合动力学、等温吸附过程分析其吸附机理，以期为 Co_3O_4 在水处理方面提供可靠的理论依据。

5.1　实验材料与方法

5.1.1　材料与仪器

药品与仪器分别见表 5-1、表 5-2 所列。

表5-1 药品列表

药品	规格
硝酸钴	
氢氧化钠	
碳酸铵	分析纯
氨水	
2，4- 二氯苯酚	

表5-2 仪器列表

仪器	型号
电子天平	ML204
双向磁力搅拌器	固华 78-2
真空泵	AP-9950
电热鼓风干燥箱	
全温培养摇床	QYC-2102C
程序升温马弗炉	—
紫外 - 可见吸收分光光度计	SPECORD200
原子吸收分光光度计	NOVAA40
傅立叶红外光谱仪	Nicolet iS10

5.1.2 实验方法

5.1.2.1 吸附剂的制备

称取 10.753 g Co（NO_3）$_2$·$6H_2O$ 溶于 100 mL 蒸馏水中，搅拌 0.5 h；向溶液中滴加沉淀剂（6 mol/L 氨水、1 mol/L NaOH 溶液、饱和碳酸铵溶液），滴加反应过程中，调节溶液至目标 pH（pH=8、9、10）；在反应过程中沉淀不断出现，待反应结束后，室温下继续搅拌 2 h，再静置 2 h，抽滤；将抽滤后得到的固体在 80 ℃ 条件下干燥 12 h，并在马弗炉中升温至目标温度（300 ℃、550 ℃），恒温焙烧 2 h，得到 2.92 g Co_3O_4。

5.1.2.2　静态吸附实验

分别准确称取 0.05 g、0.1 g、0.2 g、0.3 g、0.4 g 的 Co_3O_4 放入 6 个 100 mL 的锥形瓶中，加入不同初始质量浓度（20 mg/L、30 mg/L、40 mg/L）的 2，4-DCP 溶液 50 mL，在恒温摇床上振荡 2 h，用注射器抽取上清液过 0.45 μm 的滤头，用紫外 - 可见吸收分光光度计测定溶液浓度。吸附量和吸附效率的计算公式分别如式（5-1）、（5-2）所示。

$$Q_{eq} = \frac{\left(C_0 - C_{eq}\right)V}{m} \tag{5-1}$$

$$W = \frac{C_0 - C_{eq}}{C_0} \times 100\% \tag{5-2}$$

式中，Q_{eq} 表示达到吸附平衡时的平衡吸附量，单位 mg/g；V 表示溶液的体积，单位 L；m 为吸附剂投加量，单位 g；C_0 为 2，4-DCP 初始质量浓度，单位 mg/L；C_{eq} 为吸附达到平衡时溶液中 2,4-DCP 的质量浓度，单位 mg/L；W 为吸附效率。

5.2　结果与讨论

5.2.1　吸附性能研究

5.2.1.1　不同焙烧温度下制备的 Co_3O_4 对 2，4-DCP 的吸附效果

在 3 个 100 mL 锥形瓶中加入初始质量浓度为 20 mg/L 的 2，4-DCP 溶液 50 mL，投加沉淀剂 [0.1 g 氨水（6 mol/L）]，pH 调为 10，再分别加入同质量的未焙烧、焙烧温度 300 ℃、焙烧温度 550 ℃ 的条件下制备的 Co_3O_4，常温振荡 2 h，考察不同焙烧温度下制备的 Co_3O_4 对 2，4-DCP 的吸附效率，如图 5-1 所示。

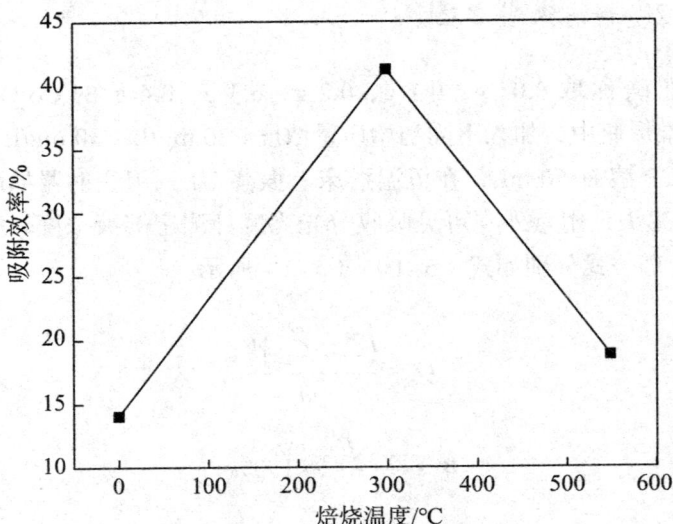

图 5-1　焙烧温度对吸附 2，4-DCP 效果的影响

从图 5-1 可知，未焙烧的 Co_3O_4 对 2，4-DCP 的吸附效率为 14.03%；随着焙烧温度增加，对 2，4-DCP 的吸附效率逐渐升高，焙烧温度达到 300 ℃时，对 2，4-DCP 的吸附效率最大，为 41.33%；当焙烧温度继续增加时，对 2，4-DCP 的吸附效率开始降低。综上，选用 300 ℃为 Co_3O_4 的最佳焙烧温度。

5.2.1.2　不同 pH 下 Co_3O_4 对 2，4-DCP 的吸附效果

称取 0.1 g 在以 6 mol/L 氨水为沉淀剂，分别将 pH 调节至 8、9、10，焙烧温度 300 ℃的条件制备的 Co_3O_4，2，4-DCP 初始质量浓度为 20 mg/L，常温振荡 2 h，考察不同 pH 下 Co_3O_4 对 2，4-DCP 的吸附效率，如图 5-2 所示。

从图 5-2 可知，pH=9 时，吸附效率最高，为 49.26%；pH>9 时，吸附效率急剧下降；pH=10 时，吸附效率降至 41.50%。由此可知，pH=9 时制备的 Co_3O_4 对 2，4-DCP 的吸附效果最佳。

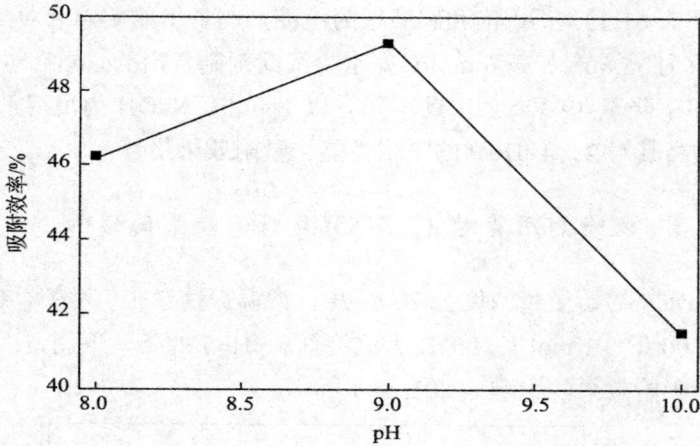

图 5-2　不同 pH 下 Co$_3$O$_4$ 对 2, 4-DCP 的吸附效果

5.2.1.3　不同沉淀剂对 2, 4-DCP 吸附效率的影响

称取 0.1 g 在 300 ℃焙烧、pH=9 的条件下制备的 Co$_3$O$_4$（分别以 6 mol/L 氨水、1 mol/L NaOH 溶液、饱和碳酸铵为沉淀剂），2, 4-DCP 初始质量浓度为 20 mg/L，常温振荡 2 h，考察了不同沉淀剂对 2, 4-DCP 吸附效果的影响，如图 5-3 所示。

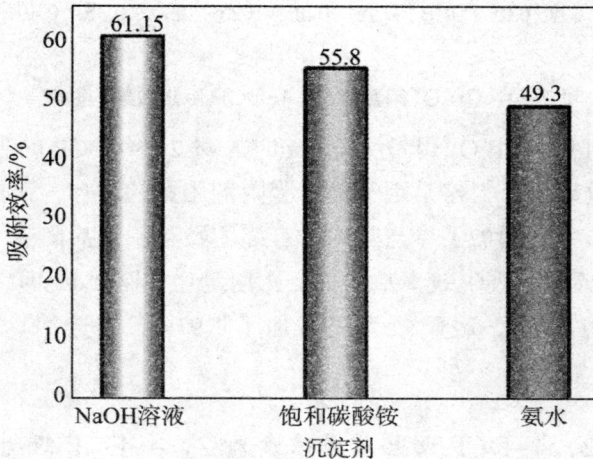

图 5-3　不同沉淀剂对 2, 4-DCP 吸附效率的影响

由图 5-3 可知，以 1 mol/L NaOH 为沉淀剂制备出的 Co$_3$O$_4$ 对 2, 4-DCP

的吸附效率为 61.15%；以饱和碳酸铵为沉淀剂制备出的 Co_3O_4 对 2，4-DCP 的吸附效率为 55.80%；以 6 mol/L 氨水为沉淀剂制备出的 Co_3O_4 对 2，4-DCP 的吸附效率下降至 49.30%。由此可知，以 1 mol/L NaOH 为沉淀剂制备出的 Co_3O_4 可提高其对 2，4-DCP 的吸附性能，吸附效果最佳。

5.2.1.4 吸附剂用量对 2，4-DCP 吸附效果的影响

2，4-DCP 初始质量浓度为 20 mg/L，常温振荡 2 h，考察了 Co_3O_4（在焙烧温度 300 ℃、1 mol/L NaOH 为沉淀剂、pH=9 的条件下制备的）用量对 2，4-DCP 吸附效果的影响，如图 5-4 所示。

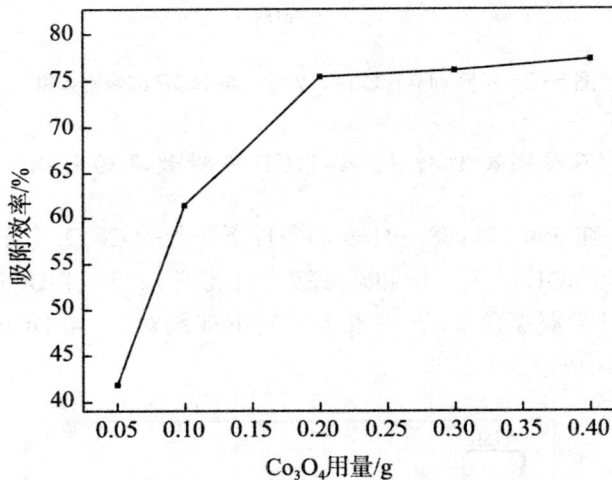

图 5-4　Co_3O_4 用量对 2，4-DCP 吸附效果的影响

从图 5-4 可见，Co_3O_4 用量为 0.2 g 时，对 2，4-DCP 的吸附效率达到 75.44%，吸附效果显著，这是因为随着吸附剂用量的增加，一方面增大了吸附表面积，另一方面增加了参与吸附的官能团数目；之后随着 Co_3O_4 用量的增加，对 2，4-DCP 的吸附效率基本不变；用量增加至 0.4 g 时，对 2，4-DCP 的吸附效率为 77.35%，吸附效率仅增加了 1.91%。故选用 0.2 g 为吸附剂 Co_3O_4 的最佳用量。

5.2.1.5 2，4-DCP 初始质量浓度对 2，4-DCP 吸附效果的影响

称取 0.2 g Co_3O_4（在焙烧温度 300 ℃、1 mol/L NaOH 为沉淀剂、pH=9

的条件下制备的），常温振荡 2 h，考察了 2，4-DCP 初始质量浓度对 2，4-DCP 的吸附效果的影响，如图 5-5 所示。

从图 5-5 可知，2，4-DCP 初始质量浓度为 20 mg/L 时，Co$_3$O$_4$ 对 2，4-DCP 的吸附效率为 76.85%；2，4-DCP 初始质量浓度为 40 mg/L 时，吸附效率减小到 41.6%，这是因为吸附剂含有的活性位点一定，2，4-DCP 初始质量浓度的增加会加剧吸附位点的饱和速率。故 2，4-DCP 最佳初始质量浓度为 20 mg/L。

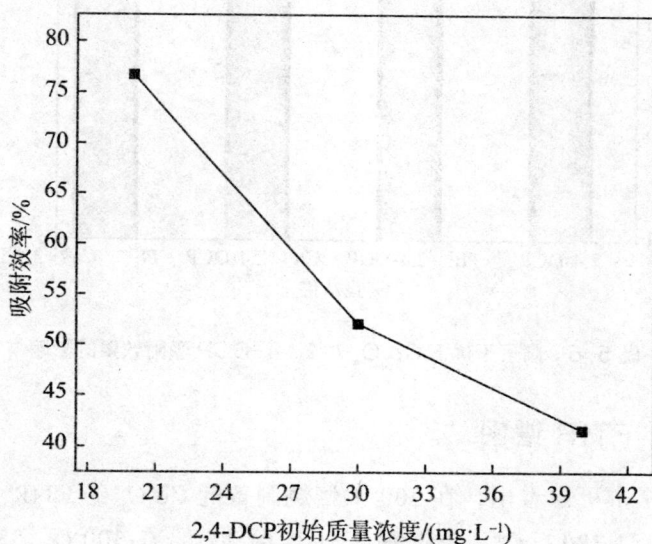

图 5-5　2，4-DCP 初始质量浓度对 2，4-DCP 吸附效果的影响

5.2.2　离子干扰实验

称取 0.2 g Co$_3$O$_4$（在焙烧温度为 300 ℃、沉淀剂为 1 mol/L NaOH，pH=9 的条件下制备的），常温振荡 2 h。考察了离子干扰下 Co$_3$O$_4$ 对 2，4-DCP 的吸附效果的影响，如图 5-6 所示。

从图 5-5 中可以看出，无离子干扰时，对 2，4-DCP 的吸附效率为 75.35%；当溶液中存在 Pb^{2+} 或 Ca^{2+} 干扰时，对 2，4-DCP 的吸附效率分别为 74.36%、77.25%；在 Pb^{2+}、Ca^{2+} 的共同干扰下，对 2，4-DCP 的吸附效率为 75.70%。由此可知，金属阳离子的存在基本不会影响 Co$_3$O$_4$ 对 2，4-DCP 的吸附效果。

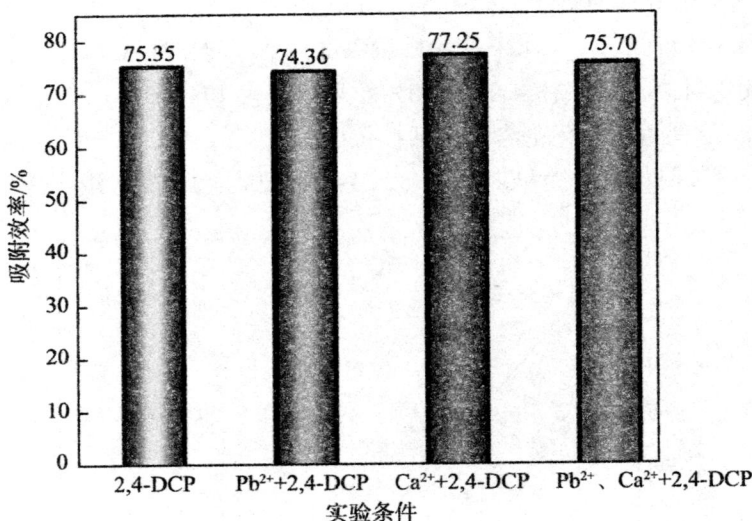

图 5-6　离子干扰下 Co_3O_4 对 2，4-DCP 吸附效果的影响

5.2.3　FTIR 谱图

从图 5-7 中可以看出，在 300 ℃焙烧制备的 Co_3O_4 的 FTIR 谱图中，特征峰主要处于 1 380 cm^{-1}，是羧基 C—OH 振动峰。在 300℃、550 ℃焙烧制备的 Co_3O_4 FTIR 谱图中，659 cm^{-1}、559 cm^{-1} 处的峰分别对应于 Co_3O_4 的四面体亚晶格（CoO_6）和八面体亚晶格（CoO_4）的特征振动；880 cm^{-1} 处的吸收峰可能是 C—H 的面外弯曲振动吸收峰。从图中可以看出，在高温焙烧条件下有 Co_3O_4 的生成，且样品表面官能团增加，吸附性能增强。对比在 300 ℃与 550 ℃焙烧制备的 Co_3O_4 的 FTIR 谱图可以发现，Co_3O_4 吸附 2，4-DCP 过程中起主要贡献作用的是羧基 C—OH 官能团。

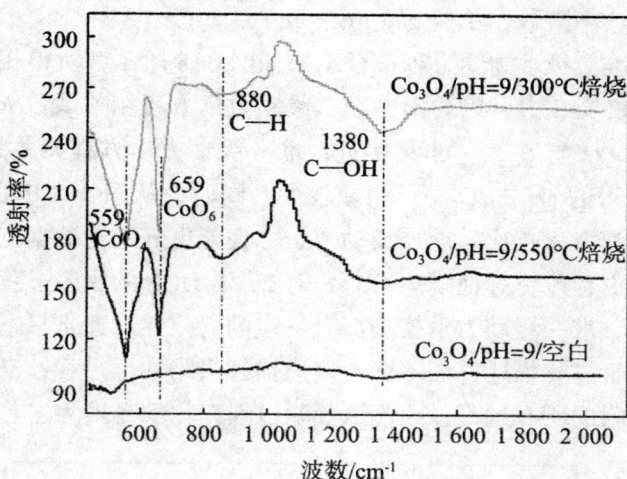

图 5-7　不同焙烧温度下制备的 Co_3O_4 的红外光谱图

5.2.4　吸附机理研究

5.2.4.1　吸附动力学

采用准一级和准二级动力学方程对筛选出的 Co_3O_4 吸附过程进行拟合分析。准一级动力学方程如式（5-3）、式（5-4）所示：

$$\frac{dQ_t}{dt} = K_1(Q_{eq} - Q_t) \tag{5-3}$$

$$\log(Q_{eq} - Q_t) = \log Q_{eq} - (\frac{K_1}{2.303})t \tag{5-4}$$

准二级动力学方程如式（5-5）、式（5-6）所示：

$$\frac{1}{(Q_{eq} - Q_t)} = \frac{1}{Q_{eq}} + K_2 t \tag{5-5}$$

$$\frac{t}{Q_t} = \frac{1}{K_2 Q_{eq}^2} + \frac{t}{Q_{eq}} \tag{5-6}$$

式（5-3）～式（5-6）中，Q_{eq} 为吸附达到平衡时的吸附量，单位 mg/g；Q_t 为 t 时刻吸附剂的平衡吸附量，单位 mg/g；t 为吸附时间，单位 min；K_1 为吸附过程中准一级动力学吸附速率常数，单位 min^{-1}；K_2 为吸附过程中准二级动力学吸附速率常数，单位 $g/(mg \cdot min)$。

准一级、准二级动力学方程拟合结果如图 5-8 所示，所得相关参数见表 5-3 所列。从表 5-3 中可以看出，准二级动力学方程相关系数 R^2 相对较高，且计算所得的 Q_{eq} 与 $Q_{eq, exp}$ 非常接近；准一级动力学方程相关系数 R^2 相对较低，计算所得的 Q_{eq} 与 $Q_{eq, exp}$ 相差较大。同时，从图 5-8 中也可以看出，与准一级动力学方程相比，准二级动力学方程能更好地与数据点重合，因此准二级动力学方程能更好地描述 Co_3O_4 对 2，4-DCP 的吸附过程。出现上述情况的原因是，准一级动力学模型拥有一定的局限性，通常只适合对吸附初始阶段的动力学进行描述，而不能准确地描述吸附的全过程；准二级动力学模型包含了吸附的所有过程，因此该吸附过程以化学吸附为主。

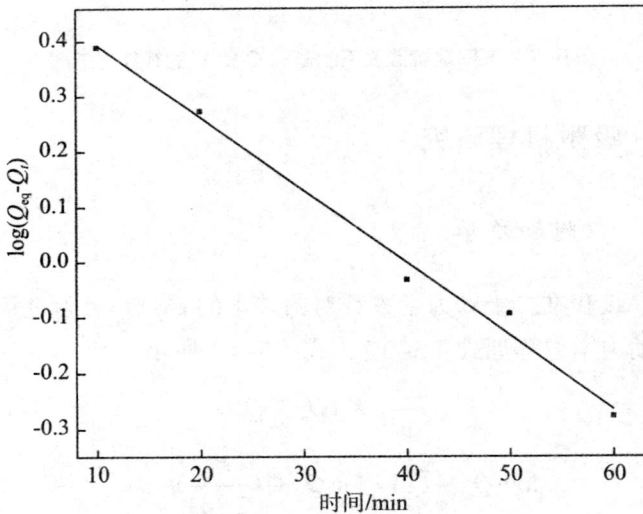

（a）准一级动力学拟合

图 5-8　Co_3O_4 对 2，4-DCP 的吸附动力学拟合

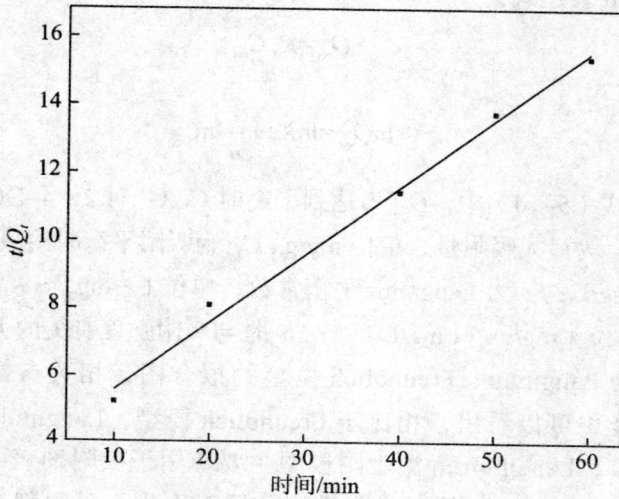

（b）准二级动力学拟合

图 5-8　（续）

表5-3　Co₃O₄吸附2，4-DCP动力学参数

$Q_{eq,exp}$/($mg \cdot g^{-1}$)	准一级动力学			准二级动力学		
	$Q_{eq,cal}$/ ($mg \cdot g^{-1}$)	K_1/min^{-1}	R^2	$Q_{eq,cal}$/ ($mg \cdot g^{-1}$)	K_2/ ($g \cdot m^{-1} \cdot min^{-1}$)	R^2
4.375	3.345 8	0.030 2	0.990 9	5.002 5	0.011 1	0.992 8

5.2.4.2　等温吸附

为了进一步探究 Co₃O₄ 对 2，4-DCP 的吸附特性，采用 Langmuir 与 Freundlich 等温吸附模型拟合静态吸附数据。

Langmuir 表达式：

$$Q_{eq} = \frac{Q_m K_L C_{eq}}{1 + K_L C_{eq}} \tag{5-7}$$

线性表达式：

$$\frac{1}{Q_{eq}} = \frac{1}{Q_m} + \frac{1}{Q_m K_L C_{eq}} \tag{5-8}$$

Freundlich 表达式：

$$Q_{eq}=K_F C_{eq}^{\frac{1}{n}} \qquad (5-9)$$

线性表达式：

$$\ln Q_{eq}=\ln K_F+\frac{1}{n}\ln C_{eq} \qquad (5-10)$$

式（5-7）～式（5-10）中，Q_{eq} 为达到平衡时 Co_3O_4 对 2，4-DCP 的吸附量，单位 mg/g；Q_m 为最大吸附量，单位 mg/g；C_{eq} 为吸附平衡时溶液中 2，4-DCP 浓度，单位 mg/L；K_L 为 Langmuir 平衡常数，单位 L·mg^{-1}；K_F 为 Freundlich 平衡常数，单位（mg/g）·（mg/L）$^{-n}$；$1/n$ 是与吸附强度有关的无量纲系数。

图 5-9 为 Langmuir、Freundlich 模型的拟合图，相关参数见表 5-4 所列。从表 5-4 中可以看出，相比于 Freundlich 模型，Langmuir 模型的相关系数相对较高，Langmuir 等温吸附模型主要应用于吸附剂表面均匀的单分子层吸附，而 Freundlich 等温吸附模型适用于不均一吸附剂表面的非理想吸附，故 Co_3O_4 对 2，4-DCP 的吸附过程更符合单分子层吸附过程。通常来说，化学吸附的本质是单分子层吸附，而物理吸附往往发生于多分子层，所以 Co_3O_4 对 2，4-DCP 的吸附过程以化学吸附为主。此外，Langmuir 等温吸附模型也有一个无量纲参数 R_L，若 $R_L>1$，为非优惠吸附；若 $0<R_L<1$，为优惠吸附；若 $R_L=1$，为线性吸附；若 $R_L=0$，为不可逆吸附。经计算，$0<R_L=0.726\ 7<1$，所以 Co_3O_4 对 2，4-DCP 的吸附为优惠吸附。

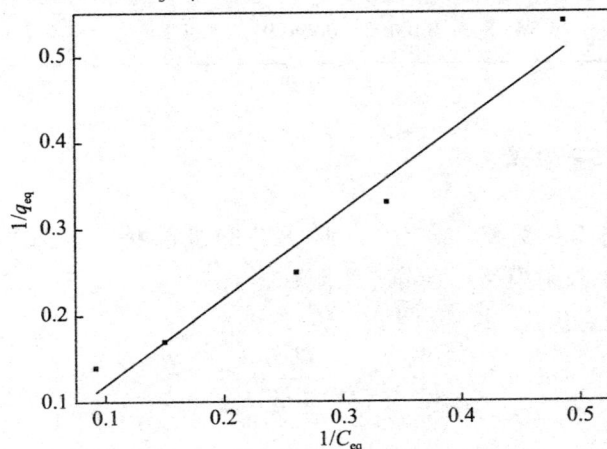

（a）Langmuir 模型拟合结果

图 5-9　Co_3O_4 对 2，4-DCP 的等温吸附拟合

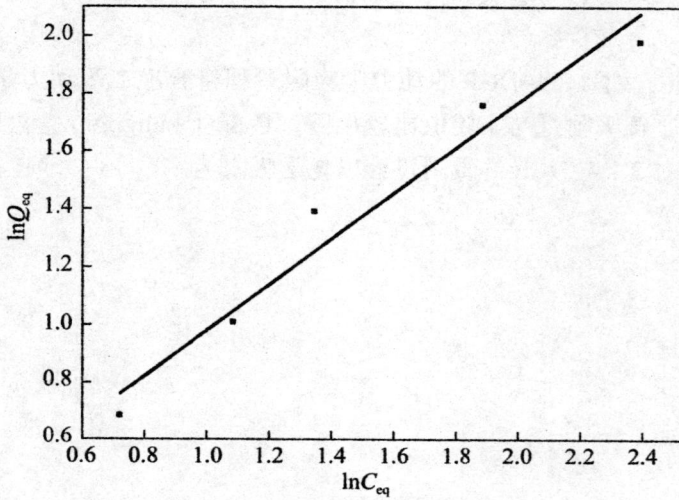

（b）Freundlich 模型拟合结果

图 5-9 （续）

表5-4 等温吸附方程拟合参数

Langmuir 模型			Freundlich 模型		
$Q_m/$（mg·g^{-1}）	$K_L/$（L·mg^{-1}）	R^2	n	$K_F/$（L·mg^{-1}）	R^2
52.910 1	0.018 8	0.964 8	1.271 8	1.218	0.962 4

表 5-2 中，R^2 为等温吸附模型线性拟合相关系数；n 是 Freundlich 方程中与吸附强度有关的无量纲系数。

5.3 本 章 小 结

（1）采用简易共沉淀法制备了 Co$_3$O$_4$，经探究得知在焙烧温度为300 ℃、pH=9、沉淀剂为 1mol/L NaOH 的条件下制备的 Co$_3$O$_4$ 对 20 mg/L 2，4-DCP 吸附性能最佳。

（2）在 20 mg/L 的金属阳离子干扰下，Co_3O_4 对 2，4-DCP 的吸附性能不变。

（3）Co_3O_4 对 2，4-DCP 的动力学吸附过程符合准二级动力学方程，计算出的最大平衡吸附量与实验值比较接近，且符合 Langmuir 等温吸附模型，说明 Co_3O_4 对 2，4-DCP 的吸附过程以化学吸附为主。

第6章 花生壳基磁性多级孔碳表面印迹材料对 4- 氯酚的吸附性能研究

　　环境内分泌干扰物是指人类在生产、生活中释放到环境中的能够像激素或抗激素一样影响人体及动物体内激素的合成、分泌、作用和代谢等各个环节的物质，一般具有生物累积性、环境持久性、高毒性、长距离迁移能力等重要特征。现有的环境内分泌干扰物主要有 70 余种，其中的多氯酚（如五氯苯酚、四氯苯酚、三氯苯酚和二氯苯酚等）和双酚（如双酚 A、双酚 AF、双酚 AP 和四溴双酚 A 等）等因其相似的结构特征和类雌激素活性逐渐被划分为一类新的分析研究对象，称为酚类内分泌干扰物。

　　目前，对于酚类内分泌干扰物的处理方法有很多，传统水处理技术根本无法满足深度处理的需求。吸附法具备的显著优势在于操作简便、效率高、能耗低、投资费用低、不产生二次污染、不会带来毒性更大或更难降解的污染物，但是常用的吸附剂普遍存在选择性差、热稳定性差、吸附容量小、平衡时间长等缺点。因此，开发高选择性、大吸附容量、优良再生性能的新型吸附剂，建立靶向分离 / 富集体系是目前非常活跃的研究领域。

　　分子印迹聚合物（MIPs）是通过分子印迹技术合成对目标分子具有特异性识别与选择性吸附的聚合物，其最大的优点就是对目标分子具有高度选择性吸附和特异性识别能力，具有良好的机械强度、抗压性和稳定性。

　　各种农业废弃物（如秸秆、果壳等）含有丰富的活性基团，具有良好的生物适应性和可再生性，资源丰富、廉价易得、低毒、易于生物降解，与有机高分子兼容性好，若加以有效利用，可以大幅降低制备功能型材料的成本。农业废弃物——花生壳含有丰富的纤维素和木质素等有机物质，其粉末中含有丰富的活性基团，具有较高的比表面积及孔隙率。

　　因此，如何利用农业废弃物制备一种对酚类内分泌干扰物具有特异性识别能力的多孔碳印迹材料具有重要意义。

6.1　实验材料与方法

6.1.1　材料与仪器

药品与仪器分别见表 6–1、表 6–2 所列。

表6-1　药剂列表

药品	规格
4-乙烯基吡啶	
甲苯	
4-氯酚（4-CP）	
磷酸	
氢氧化钾	
二甲基丙烯酸乙二醇酯	
2，2′-偶氮（2-甲基丙基脒）二盐酸盐	分析纯
2，4，6-三氯苯酚（6-TCP）	
2，4，5-三氯苯酚（5-TCP）	
氯化铁	
乙醇	
甲醇	
花生壳	—

表6-2　仪器列表

仪器	型号
吸附/脱附比表面积分析仪	BSD-PH
电热鼓风干燥箱	DHG-9055A
管式炉	NBD-OI200
数控超声波清洗器	KQ5200DB
全温培养摇床	QYC-2102C
紫外-可见光分光光度计	SPECORD 200
循环水真空泵	0SHZ-DIII

6.1.2　实验方法

6.1.2.1　花生壳基磁性多级孔碳的制备

将废弃的花生壳用自来水清洗，经烘干、破碎，筛分至 150 ～ 200 μm，制成花生壳粉末，将上述花生壳粉末加入质量浓度为 10% ～ 20% 的磷酸溶液（活化剂）中搅拌，花生壳粉末与磷酸溶液的质量比为 1 :（1 ～ 3），在 70 ～ 80 ℃下，水浴加热 2.0 ～ 5.0 h；在 80 ～ 100 ℃下，真空干燥 12 ～ 24 h，得到花生壳活性原料；将氢氧化钾与花生壳活性原料按照 1 :（1 ～ 3）的质量比混合均匀，放入研钵进行研磨；随后将上述混合物与浓度为 0.05 ～ 0.3 g/mL 氯化铁的乙醇溶液按照质量比为 5 :（15 ～ 20）的比例混合，机械搅拌混合均匀，在 80 ～ 100 ℃的烘箱中真空烘干。将上述材料转入管式炉中，在氮气保护下，气体流速为 50 mL/ min，以 8 ～ 10 ℃ /min 的速率升温至 600 ～ 800 ℃，碳化磁化时间为 3.0 ～ 5.0 h，自然冷却后，将管式炉中的产物取出，用体积比为 1 : 1 的乙醇与蒸馏水混合溶液洗涤产物，烘干，即得到花生壳基磁性多级孔碳。

6.1.2.2　花生壳基磁性多级孔碳表面印迹材料的制备

将 4- 氯酚（4-CP）、甲苯、4- 乙烯基吡啶、二甲基丙烯酸乙二醇酯、2，2- 偶氮二（2- 甲基丙基咪）二盐酸盐和花生壳基磁性多级孔碳按照 1 g :（150 ～ 200）mL :（150 ～ 200）mL :（2.0 ～ 3.0）mL :（40 ～ 50）mg :（3 ～ 5）g 的比例，将 4-CP 溶解在装有甲苯的 100 mL 的圆底烧瓶中，随后向其中加入 4- 乙烯基吡啶和二甲基丙烯酸乙二醇酯，超声混合均匀，密封，静止 12 ～ 24 h。随后，向上述溶液中加入 2，2- 偶氮二（2- 甲基丙基咪）二盐酸盐和花生壳基磁性多级孔碳，充分混合后，通入氮气 20 ～ 30 min，密封反应瓶，放置于 60 ～ 70 ℃恒温加热器中磁力搅拌 12 ～ 24 h，得到粉末状固体，用无水乙醇多次洗涤，随后在 50 ～ 60 ℃真空干燥箱中干燥至恒重。随后将干燥后的固体用体积比为 9 : 1 的甲醇与乙酸混合溶液索氏提取 24 h，直至洗脱液中检测不到 4-CP。

花生壳基磁性多级孔碳非印迹材料的制备方法同上，只是过程中不加4–CP。

6.1.2.3　吸附实验

将 25 mL 4–CP 溶液加入离心管中，分别向其中加入 10 mg 花生壳基磁性多级孔碳表面印迹材料和非印迹材料，在室温水浴中静止，分别考察吸附时间、溶液初始浓度对 4–CP 吸附容量的影响。当吸附达平衡后，将花生壳基磁性多级孔碳表面印迹材料和非印迹材料用 Nd–Fe–B 永磁铁分离，平衡溶液中 4–CP 的浓度用 UV–Vis 法测定，溶液中未被吸附的 4–CP 的浓度用紫外可见分光光度计（在波长为 282 nm 处）测得。紫外检测器最大吸收波长分别在 272 nm、288 nm 和 292 nm 处测定苯酚、6–TCP 和 5–TCP 的含量。

$$Q_{eq} = \frac{(C_0 - C_{eq})V}{W} \qquad (6-1)$$

式中，C_0 和 C_{eq} 分别为 4–CP 的初始浓度和平衡时的浓度，单位 μmol/L；V 为溶液体积，单位 mL；W 为吸附材料的用量，单位 mg。

6.2　结果与讨论

6.2.1　材料的理化性能表征

图 6–1 为花生壳基磁性多级孔表面印迹材料的扫描电镜图谱。从图 6–1 可以看出，本实验制备的花生壳基磁性多级孔碳表面印迹材料分散性良好，呈均匀的球形结构，尺寸为 100～250 nm，表面印迹材料的表面很粗糙，包覆有一层印迹聚合层，说明通过聚合吸附材料能够获得均一的聚合物层。

对花生壳基磁性多级孔碳表面印迹材料和花生壳基磁性多级孔碳非印迹材料进行氮气吸附 / 脱附分析，结果见表 6–3 所列。

图 6-1　花生壳基磁性多级孔碳表面印迹材料的 SEM 图

表6-3　花生壳基磁性多级孔碳表面印迹材料和花生壳基磁性多级孔碳非印迹材料的氮气吸附/脱附分析比较

样品	比表面积 / (m² · g⁻¹)	孔容 / (cm³ · g⁻¹)	平均孔尺寸 /nm
花生壳基磁性多级孔碳表面印迹材料	126.56	0.574	62.89
花生壳基磁性多级孔碳非印迹材料	89.54	0.198	46.38

从表 6-3 中可以看出，与花生壳基磁性多级孔碳非印迹材料相比，花生壳基磁性多级孔碳表面印迹材料拥有更大的孔容、比表面积和平均孔尺寸。

图 6-2 为花生壳基磁性多级孔碳（曲线 a）、花生壳基磁性多级孔碳表面印迹材料（曲线 b）和花生壳基磁性多级孔碳非印迹材料（曲线 c）的热重分析图。在初始的 300 ℃内，花生壳基磁性多级孔碳、花生壳基磁性多级孔碳表面印迹材料和花生壳基磁性多级孔碳非印迹材料的热稳定性比较好，对应的失重率分别为 3.85%、7.32% 和 13.56%，主要是由于游离水的损失。当温度升至 700 ℃时，花生壳基磁性多级孔碳表面印迹材料和花生壳基磁性多级孔碳非印迹材料出现了较大的失重，失重率分别为 75.20% 和 81.80%，这归因于表面印迹聚合层的分解，800 ℃时花生壳基磁性多级孔碳表面印迹

材料和花生壳基磁性多级孔碳非印迹材料残留的物质主要是热阻性的 Fe_3O_4 磁性纳米粒子和少量的碳或石墨。

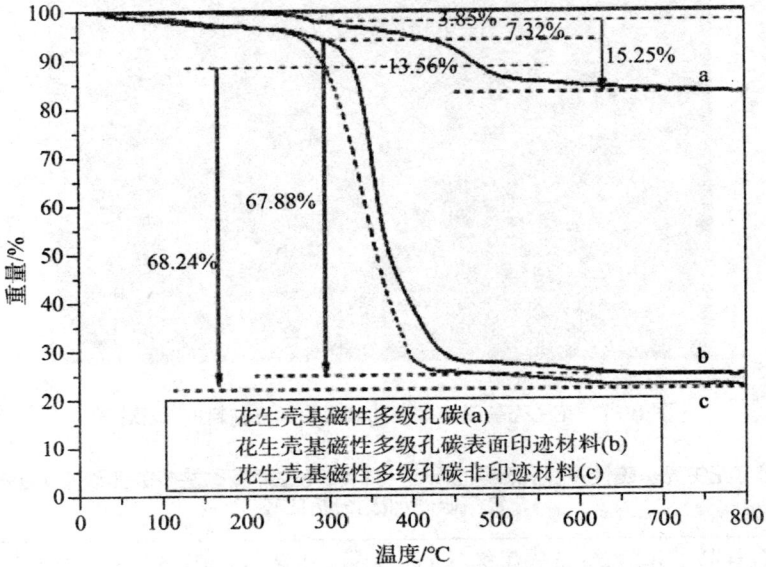

图 6-2　花生壳基磁性多级孔碳表面印迹材料的热重分析图

图 6-3 是花生壳基磁性多级孔碳和花生壳基磁性多级孔碳表面印迹材料在常温时的磁滞回线。比较图中的两条磁滞回线，可以看出两条曲线的变化趋势和形状类似，并且都是关于原点旋转对称，表明花生壳基磁性多级孔碳和花生壳基磁性多级孔碳非印迹材料都具有超顺磁性，室温下花生壳基磁性多级孔碳和花生壳基磁性多级孔碳表面印迹材料的饱和磁化强度分别为 8.788 emu/g 和 3.686 emu/g。

研究表明，花生壳基磁性多级孔碳表面印迹材料拥有足够的磁性响应能力，其磁性分离效果明显。图 6-4 为 pH 对花生壳基磁性多级孔碳表面印迹材料磁稳定性的影响情况，在 pH 为 4.0 ～ 8.0 时，几乎没有铁离子从花生壳基磁性多级孔碳表面印迹材料中泄漏出来，随着 pH 的减小，铁离子的泄漏量略有增加，在 pH = 2 时，花生壳基磁性多级孔碳表面印迹材料的漏磁量达到最大，每 50 mg 花生壳基磁性多级孔碳印迹材料中约有 9.468 μg 铁离子泄漏。

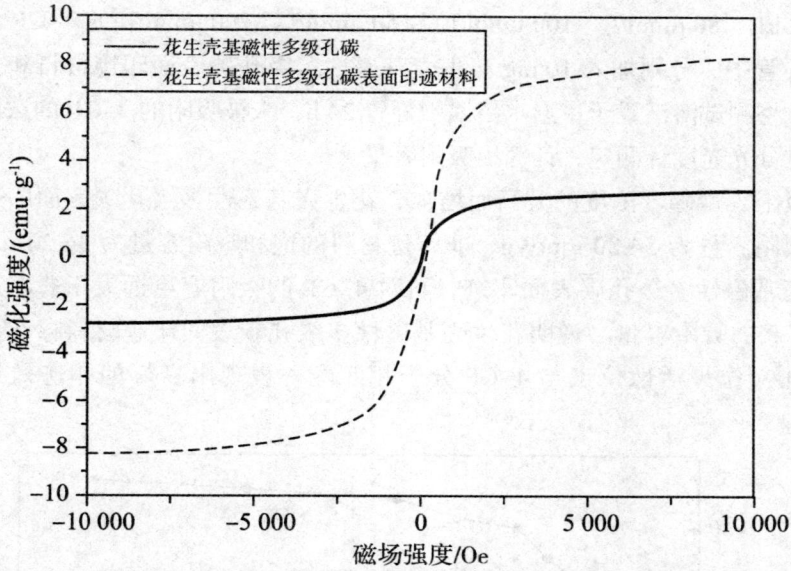

图 6-3　花生壳基磁性多级孔碳和花生壳基磁性多级孔碳表面印迹材料的磁性能分析图

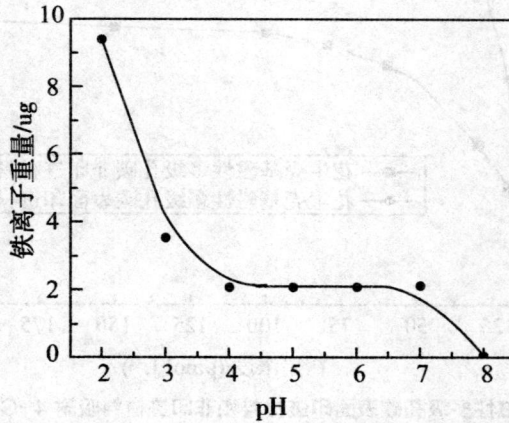

图 6-4　pH 对花生壳基磁性多级孔碳表面印迹材料磁稳定性的影响情况图

6.2.2　吸附机理探究

6.2.2.1　等温吸附

取 25 mL 初始浓度分别为 10 μmol/L、20 μmol/L、30 μmol/L、50 μmol/L、

60 μmol/L、80 μmol/L、100 μmol/L、150 μmol/L、200 μmol/L 的 4-CP 溶液加入离心管中，分别加入 10 mg 花生壳基磁性多级孔碳表面印迹材料和非印迹材料，将测试溶液置于室温水浴锅中静置 24 h，未被吸附的 4-CP 的浓度用紫外可见分光光度计测定，计算出吸附容量。

吸附容量随着浓度的升高而增加，花生壳基磁性多级孔碳表面印迹材料饱和吸附容量为 54.80 μmol/g，非印迹材料的饱和吸附容量为 36.22 μmol/g，花生壳基磁性多级孔碳表面印迹材料对 4-CP 的吸附容量远大于非印迹材料对 4-CP 的吸附容量，说明花生壳基磁性多级孔碳表面印迹材料存在大量的印迹孔穴作为活性位点与 4-CP 分子相匹配，表现出良好的印迹效果（图 6-5）。

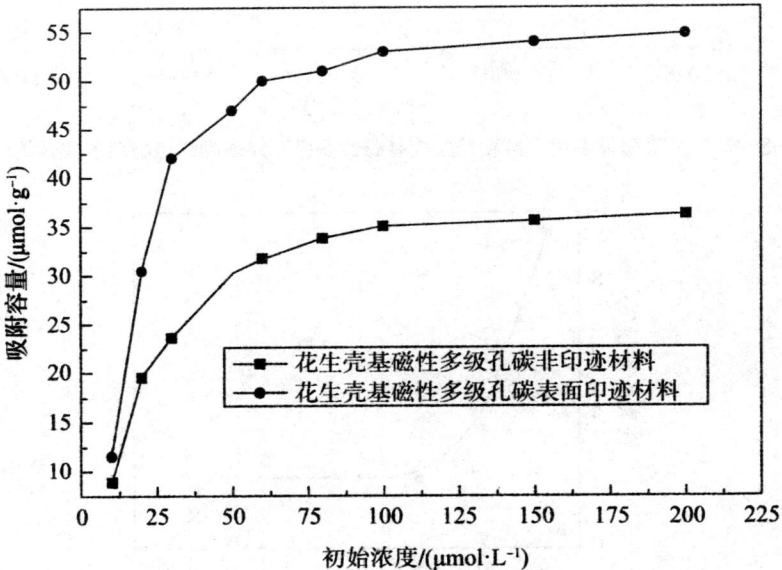

图 6-5　花生壳基磁性多级孔碳表面印迹材料和非印迹材料吸附 4-CP 的吸附等温线图

6.2.2.2　吸附动力学研究

取 25 mL 初始浓度为 200 μmol/L 的 4-CP 溶液加入离心管中，加入 10 mg 花生壳基磁性多级孔碳表面印迹材料和非印迹材料，将测试溶液置于室温水浴锅中分别静置 5 min、10 min、30 min、45 min、60 min、90 min、120 min 和 150 min，达到静置时间后，收集上清液，未被吸附的 4-CP 的浓度用紫外可见分光光度计测定，计算出吸附容量。

由图 6-6 可知，开始阶段随着吸附时间的增加，吸附效率迅速上升，60 min 后吸附达到平衡。在整个吸附时间内，花生壳基磁性多级孔碳表面印迹材料对 4-CP 的吸附效率均大于非印迹材料对 4-CP 的。

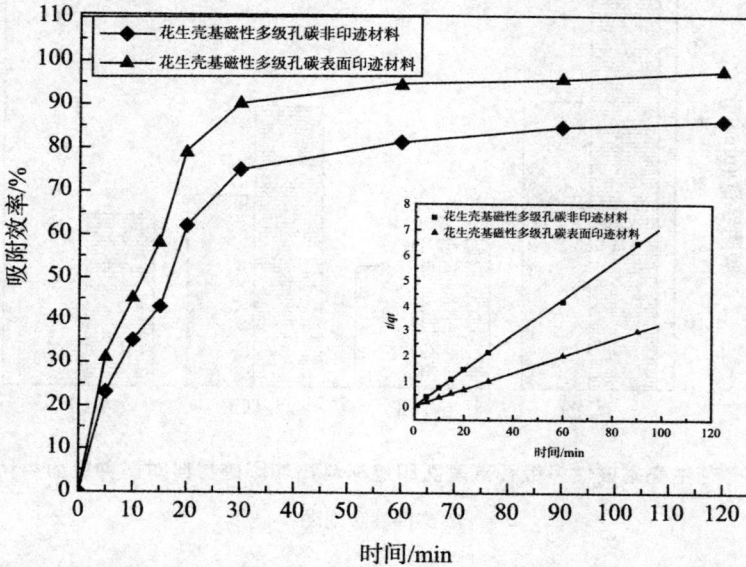

图 6-6　花生壳基磁性多级孔碳表面印迹材料和非印迹材料吸附 4-CP 的吸附动力学图

6.2.4　选择性吸附研究

选择苯酚、6-TCP 和 5-TCP 为竞争吸附的酚类化合物，分别配制溶液浓度为 150 μmol/L 的上述 3 种酚类化合物，取 20 mL 配制好的溶液加入离心管中，随后分别加入 10 mg 花生壳基磁性多级孔碳表面印迹材料和非印迹材料，在 25 ℃恒温水浴锅中静置 12 h，将花生壳基磁性多级孔碳表面印迹材料和花生壳基磁性多级孔碳非印迹材料用 Nd-Fe-B 永磁铁分离，收集上清液，未被吸附的各种竞争吸附酚类化合物的浓度用紫外可见分光光度计测定，计算出吸附容量。

从图 6-7 中可以看出，印迹吸附材料对 4-CP 有显著的特异性选择识别和分离富集能力，吸附容量明显高于其他酚类化合物。

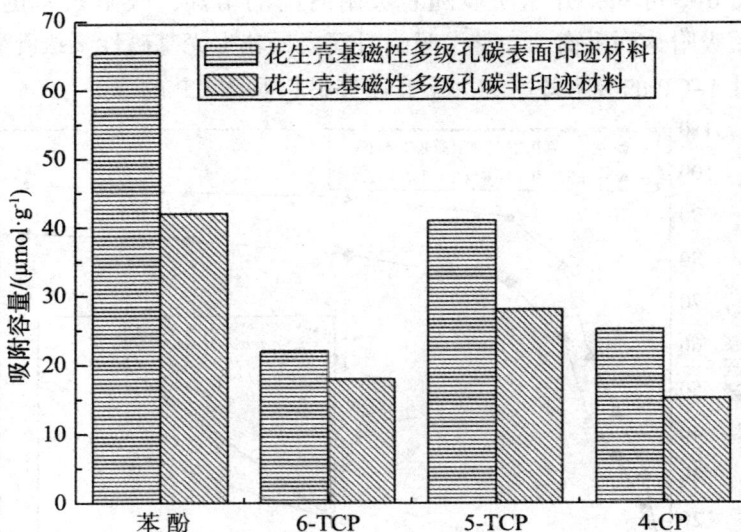

图6-7 花生壳基磁性多级孔碳表面印迹材料和非印迹材料对多种氯酚类化合物
的选择性吸附图

6.2.3 吸附材料的再生性能

花生壳基磁性多级孔碳表面印迹材料吸附 4-CP 达到平衡后，除去上清液，收集印迹材料，用甲醇和醋酸的混合溶液（$V : V$=9 : 1）作为洗脱剂，取 10.0 mL 洗脱剂在超声条件下对印迹材料进行洗脱 60 min。按照上述方法 5 次吸附 / 解吸附循环。

从图 6-8 中可以看出，经 5 次吸附 / 脱附再生后的印迹材料在单一 4-CP 溶液以及结构相似酚类化合物的混合溶液中对 4-CP 的吸附容量分别降低了 17.22% 和 18.21%，表明本实验制备的花生壳基磁性多级孔碳表面印迹材料具有优良的再生性能。

图表区域

Y轴标题: 吸附容量/$(mg \cdot g^{-1})$

图例:
4-氯酚（4-CP）
共存酚类化合物溶液

X轴标题: 花生壳基磁性多级孔表面印迹材料吸附/脱附次数

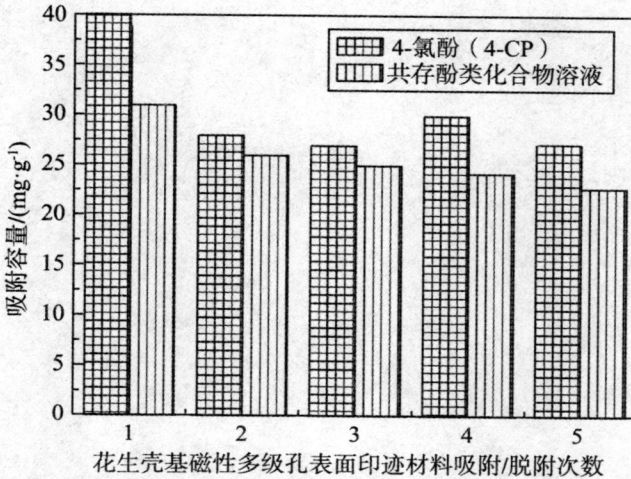

图 6-8　多次吸附 / 脱附循环后花生壳基磁性多级孔碳表面印迹材料的再生性能

6.3　本 章 小 结

采用 KOH 和 $FeCl_3$ 共同活化的方式制备了花生壳基磁性多级孔碳，以多孔碳为基体使用表面聚合反应的方法制备了印迹材料。

花生壳基磁性多级孔碳表面印迹材料在苯酚、2，4，6– 三氯苯酚和 5–TCP 的竞争吸附中，对 4–CP 仍然具有显著的特异性选择识别和分离富集能力。

花生壳基磁性多级孔碳表面印迹材料具有良好磁性，易于回收，而且经过 5 次循环使用后仍然保持 80% 以上的活性位点。

第 7 章 牺牲高岭土表面印迹聚合物对水溶液中的双酚 A 的吸附性能研究

分子印迹聚合物的制备大多数经由传统的本体聚合法，该方法虽简便、易控制，但因所得产物为块状聚合物、模板分子不易洗脱而在实际应用中受到了限制。表面分子印迹聚合物将其识别位点固定在载体 / 支架材料表面，可以弥补本体聚合法合成的印迹聚合物的不足。

近年来，用作表面分子印迹聚合物载体的种类逐渐增多，并且大多数要经过表面改性后，才能将目标分子修饰在其载体上。常见的基质材料主要有氧化钛、氧化铝膜、磁性材料等，生物材料常见的有壳聚糖。将高岭土作为基质材料用于表面分子印迹中的报道很少见。

双酚 A（BPA）是世界上使用最广泛的工业化合物之一，主要用于生产聚碳酸酯、环氧树脂等高分子材料。BPA 为脂溶性物质，化学性质稳定，生物摄入后不容易排出，易在体内累积，毒害性较大。它具有某些雌性激素效应，对雌性激素受体具有一定亲和力，其生殖毒性与发育毒性可导致生物体异常生理现象或使生物体生殖机能下降。此外，它可能导致多种疾病，如前列腺癌、乳腺癌等与激素相关的癌症。因此，准确检测出环境中 BPA 的残留尤为重要。

本章以改性后的高岭土作为基质材料，采用自组装表面分子印迹技术和牺牲基质相结合的方法，制备出具有高选择、高吸附容量、良好动力学 / 热力学性能的牺牲高岭土表面印迹聚合物，建立表面印迹聚合物固相萃取分离 / 富集水体样品中 BPA 的热力学及动力学模型，为环境样品中 BPA 的有效分离 / 富集奠定理论基础。

7.1　实验材料与方法

7.1.1　材料与仪器

药品与仪器分别见表 7–1、7–2 所列。

表7-1 药品列表

药品	规格
高岭土（KLT）	
α-甲基丙烯酸（MAA）	
乙二醇二甲基丙烯酸酯（EGDMA）	
油酸（OA）	
聚乙烯吡咯烷酮（PVP）	
无水乙醇	
甲醇	
二甲亚砜（DMSO）	分析纯
双酚A（BPA）	
4，4'-联苯二酚（4，4'-BIP）	
2，6-二氯酚（2，6-DCP）	
偶氮二异丁腈（AIBN）	
乙腈	
丙酮	
氢氟酸（HF）	

表7-2 仪器列表

仪器	型号
紫外可见分光光度计	—
透射电镜	—
热重分析仪	Pyris Diamond
高效液相色谱-紫外检测器	—
酸度计	PHS-3C
吸附仪	Autosorb-1-C
离心沉淀器	802

7.1.2　实验方法

7.1.2.1　牺牲高岭土表面印迹聚合物（S-MIPs）的制备

将 0.228 3 g BPA 和 0.68 mL MAA 溶解于 30 mL DMSO 中，混合物搅拌 30 min 后得预组装溶液；将 2.0 g 改性 KLT、2.0 mL 油酸与 6.8 mL EGDMA 一起加入三口烧瓶中，超声 30 min 后得预聚合溶液，将预组装溶液也倒入三口烧瓶中不断搅拌，然后加入溶解了 0.4 g PVP 的 150 mL DMSO 和水的混合溶液（$V : V = 9 : 1$）；混合物在氮气保护下搅拌，加热至 60 ℃，然后在混合物中加入 0.2 g AIBN 作为引发剂。反应在 60 ℃下保持 24 h；得到的 MIPs 用甲醇和冰醋酸的混合溶液（$V : V = 8 : 2$）作为浸提液，采用索氏提取法将模板分子去除，直到模板分子无法通过紫外 – 可见分光光度计检测出来，产品在 60 ℃真空干燥箱中烘干；将烘干后的产品倒入聚四氟乙烯塑料烧杯，加入 50 mL HF 密封搅拌，反应 12 h，过滤后用蒸馏水清洗后干燥，即得 S-MIPs。非印迹聚合物的（NIPs）合成过程不需要加入模板分子 BPA，合成的产物也无须用 HF 侵蚀。

7.1.2.2　吸附实验

称取一定量吸附剂于 25 mL 比色管中，加入一定浓度 BPA 溶液，分别考察不同剂量（0.005 ~ 0.15 g）吸附剂、不同 pH（2.0 ~ 10.0）、不同温度（25 ℃、35 ℃、45 ℃）、不同浓度（20 ~ 500 mg/L）下吸附剂对 BPA 的吸附量，混合液于恒温水浴锅中静置 12 h，离心分离后取其上层清液，用高效液相色谱测定上清液中 BPA 的浓度。

7.1.2.3　竞争吸附

选择两种与 BPA 结构类似的化合物 4，4′-BIP 和 2，6 – DCP。3 种分子的结构式如图 7-1 所示。

配制 BPA、4，4′-BIP 和 2，6-DCP 3 种物质的混合溶液，三者浓度均为 100 mg/L。在 25 mL 比色管中加入 10 mL 三元混合溶液和 0.02 g S-MIPs 或者 0.02 g NIPs。静止 12 h，取其上清液用高效液相色谱 – 紫外检测器测定目标物和竞争组分的浓度。高效液相色谱的使用条件为波长 278 nm，流动相为甲醇 65％和去离子水 35％的混合物，流速为 1.0 mL/min。

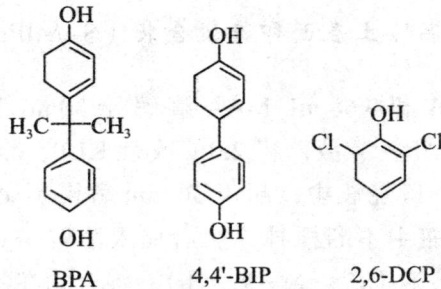

图 7-1　BPA、4,4'-BIP 和 2, 6-DCP 的化学结构

7.2　结果与讨论

7.2.1　材料表征分析

7.2.1.1　透射电镜

MIPs 和 S-MIPs 的透射电镜图如图 7-2 所示。由于高岭土形貌不规整，因而 MIPs 颗粒的形貌也不均一，图 7-2（a）中显示的 MIPs 颗粒较粗，中间部分显黑色，即可以认为黑色部分为包裹在印迹聚合物层中间的高岭土；与图 7-2（a）相比，图 7-2（b）中的 S-MIPs 颗粒中间的颜色较淡，作为基质材料的高岭土有部分被 HF 侵蚀了。

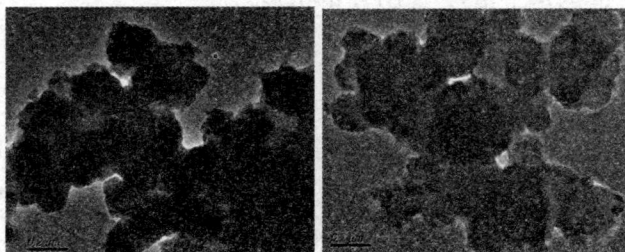

（a）MIPs　　　　　　　　（b）S-MIPs

图 7-2　透视电镜图

7.2.1.2 比表面分析

采用 Autosorb-1-c 型氮气脱附分析，在预脱附阶段，设定 10 ℃/min 的升温速率，升温至 150 ℃后维持 12 h。吸附阶段将材料容器转移至液氮低温环境的分析口，使用自动程序化分析材料比表面积、孔容、平均孔径等数据。

本实验中经比表面测试，KLT、MIPs、NIPs、S-MIPs 的比表面积分析见表 7-3 所列。从表 7-3 中可以看出，MIPs 和 NIPs 的比表面积、孔容、孔径的差别并不是很大，MIPs 经 HF 处理后，留下大块空穴，为 BPA 的大量吸附提供了有利条件。

表7-3 吸附/脱附研究

样品	比表面积/($m^2 \cdot g^{-1}$)	孔容/($cm^3 \cdot g^{-1}$)	孔径/nm
KLT	7.62	0.029	15.04
MIPs	142.90	0.158	4.41
NIPs	150.80	0.177	4.68
S-MIPs	340.8	0.432	8.21

7.2.1.3 热重分析

MIPs（曲线 a）和 S-MIPs（曲线 b）的热重分析如图 7-3 所示。在 25 ~ 200 ℃阶段，MIPs 和 S-MIPs 失重部分为水的质量，失重率分别为 11.39% 和 5.42%。在 200 ~ 800 ℃阶段，对于 MIPs 来说，包裹在高岭土表面的聚合物全部被灼烧掉了，剩下的高岭土的质量为 32.42%；而 S-MIPs 还剩下 5.58%，这应当是没有被 HF 完全侵蚀掉的高岭土的质量，被 HF 侵蚀掉的高岭土的质量分数为 26.84%。

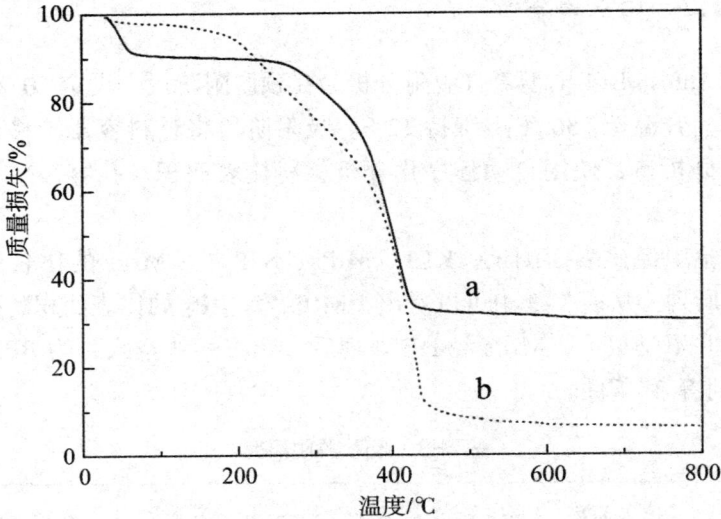

图 7-3　MIPs 和 S-MIPs 的热重分析图

7.2.2　吸附性能研究

7.2.2.1　吸附剂用量对吸附性能的影响

图 7-4 为 S-MIPs、MIPs 用量对吸附性能的影响情况。从图 7-4 中可以看出，随着 S-MIPs 用量的增加，对 BPA 的平衡吸附量先是快速增大，然后平缓增大，随着又有下降趋势。吸附剂用量从 0.05 g/L 增大到 0.4 g/L，平衡吸附量从最初的 123.45 mg/g 增大到 249.26 mg/g，这是由于吸附剂的特异性吸附位点和 MIPs 经 HF 侵蚀后留下的孔穴增多；当吸附剂的用量从 1.6 g/L 增加到 2.4 g/L 时，相应的平衡吸附量则从 279.35 mg/g 增大到 313.23 mg/g，增大倍数并不与吸附剂用量的增大倍数相一致，这是由于吸附剂用量增大，而溶液中的目标分子并没有随之增多，于是产生了竞争效应；当吸附剂用量从 2.4 g/L 增大到 6 g/L 时，相应的平衡吸附量开始下降，这是由于随着吸附剂用量的增加，为 BPA 的吸附提供了更多吸附位点，致使单位吸附剂上分配的 BPA 的量减少，因而平衡吸附量开始降低。

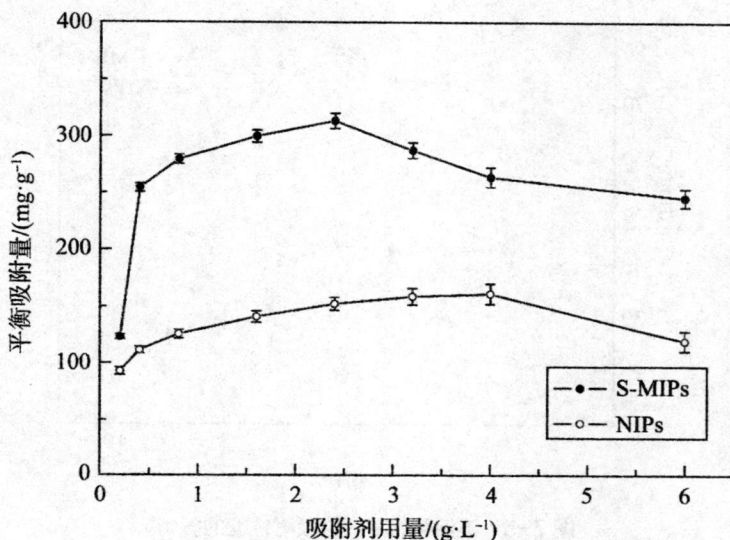

图 7-4　吸附剂用量对吸附性能的影响

7.2.2.2　溶液 pH 对吸附性能的影响

室温下，在 25 mL 比色管中加入 10 mL BPA 溶液（浓度为 100 mg/L）、0.02 g S-MIPs 或者 0.02 g NIPs，溶液 pH 从 2 到 10 进行吸附。混合液于恒温水溶锅中静置 12 h，离心分离后取其上层清液，用高效液相色谱测定上清液中 BPA 的浓度。

BPA 在 S-MIPs 和 NIPs 上的平衡吸附量随溶液初始 pH 的变化趋势如图 7-5 所示。从图 7-5 中可以看出，随着 pH 从 2 增大到 6，S-MIPs 对 BPA 的平衡吸附量从 67.13 mg/g 增大到 79.98 mg/g；当 pH 大于 7 后，平衡吸附量开始下降。这是由于 BPA 为弱酸性化合物，它的 pK_a 值为 10.23，当吸附体系的 pH 增大时，BPA 电离出的阴离子增多，它们与同样带负电的 S-MIPs 和 NIPs 的排斥力增大，致使 BPA 在其上的吸附减弱。当 pH 降低时，溶液中阳离子浓度增加，BPA 多以分子形态存在，分子形态的 BPA 具有疏水性，由此可以增加 BPA 的吸附。从图中还可以看出，对 S-MIPs 来说，最佳的溶液 pH 为 6。

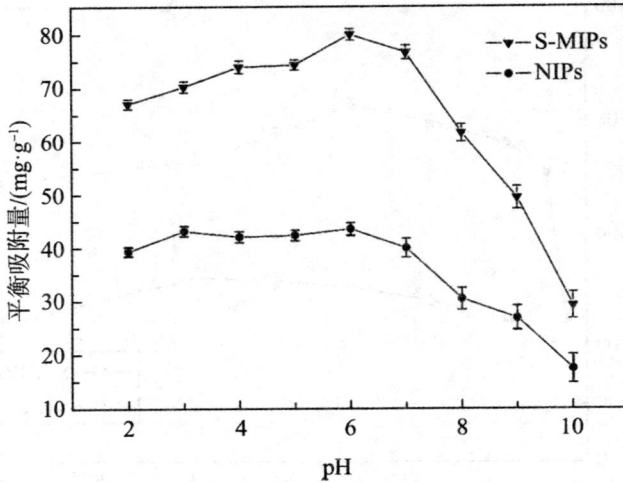

图 7-5 溶液初始 pH 对吸附性能的影响

7.2.2.3 温度对吸附性能的影响

选择溶液 pH=6，配制 BPA（浓度分别为 100 mg/L、150 mg/L、200 mg/L），在比色管中加入 BPA 溶液 10 mL 和 0.02 g S-MIPs。在 25℃、35℃、45℃、55℃进行吸附，结果如图 7-6 所示。

由图 7-6 可知，当温度为 25℃时，S-MIPs 对 3 个浓度的 BPA 溶液的吸附量均最大，分别为 81.45 mg/g、145.54 mg/g 和 172.79 mg/g。当温度升高时，BPA 的平衡吸附量却随着降低，这可能是由于吸附颗粒对 BPA 的吸附是放热反应，升高温度不利于 BPA 的去除，也可能是因为温度升高，分子的不间断运动加剧，导致吸附剂活性位点对 BPA 的约束能力下降。

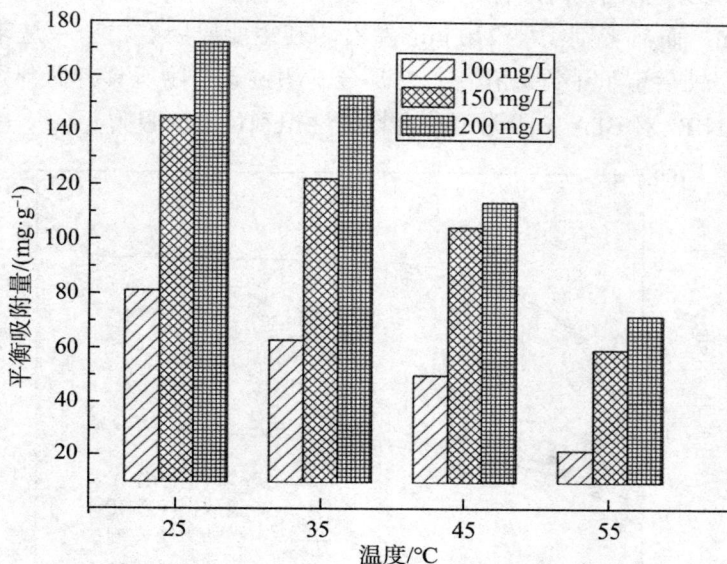

图 7-6　温度对吸附性能的影响

7.2.3　吸附机理探究

7.2.3.1　吸附动力学

用一级和二级动力学方程来拟合 BPA 的吸附动力学数据。从图 7-7 中可以看出，S–MIPs 和 NIPs 对 BPA 的吸附量都是随着时间的变化先是迅速增大，之后增大速度减缓，后逐渐趋于平衡。这是由于吸附刚开始时，溶液中的吸附目标物 BPA 浓度较高，促使吸附推动力较大，而且吸附剂表面的吸附位点处于自由状态，因而使吸附速度较快；随着时间的延长，溶液中的 BPA 浓度不断减小，推动力也随着减小，与此同时，吸附剂表面的吸附位点也减少，因而致使吸附速度下降；最后，吸附速率逐渐达到平衡，体系中 BPA 和吸附剂中 BPA 浓度趋于定值。

通过采用一级和二级动力学方程对 BPA 的吸附动力学数据进行拟合，发现 S–MIPs 和 NIPs 对 BPA 吸附的动力学更符合二级动力学模型，线性拟合的相关系数 R^2 分别为 0.999 4 和 0.998 9。从图 7-7 中可以看出，S–MIPs 对 BPA 的平衡吸附量明显高于 NIPs 的，且从刚开始吸附阶段的吸附速率来看，前者也明显高于后者的；从所需平衡时间上看，前者达到吸附平衡约需要 180 min，而后者则需要 240 min 左右。其主要原因有二：一是印迹聚合物经 HF 侵蚀后留下了许多孔穴；二是分子印迹聚合物所具有的特异性吸附位点，而 NIPs 对 BPA 的吸附不存在特异性识别位点的吸附。

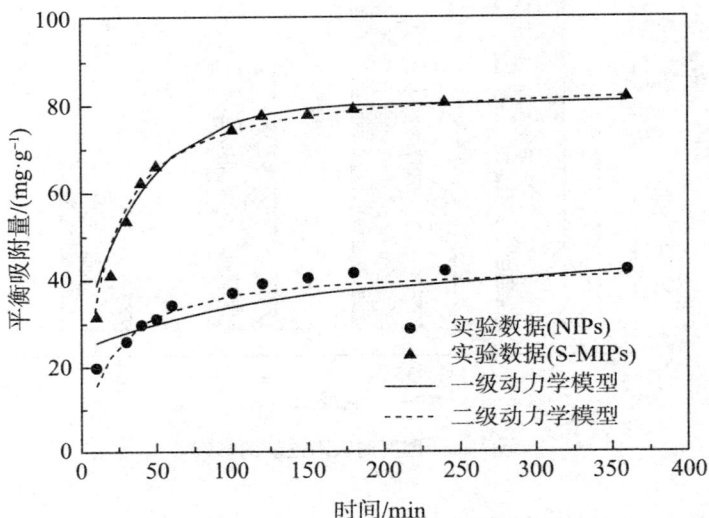

图 7-7　吸附动力学研究

7.2.3.2　等温吸附

常用的等温吸附模型主要是 Langmuir 和 Freundlich 模型。

图 7-8 为 25 ℃ 条件下 S-MIPs 和 NIPs 吸附 BPA 的等温线。从图 7-8 中可以看出，两种吸附剂对 BPA 的平衡吸附量先是随着初始浓度的增大而增大，并逐渐趋于平衡，且 S-MIPs 对 BPA 的平衡吸附量远远高于 NIPs 对 BPA 的平衡吸附量，这在一定程度上表明 S-MIPs 对 BPA 的吸附具有特异性。采用 Freundlich 和 Langmuir 等温吸附模型对两组数据进行拟合，发现 S-MIPs 对 BPA 的吸附等温线更加符合 Langmuir 模型，线性拟合的相关系数为 0.998 4；NIPs 对 BPA 的吸附等温线则更适合用 Freundlich 模型来描述，线性相关系数为 0.996 7。

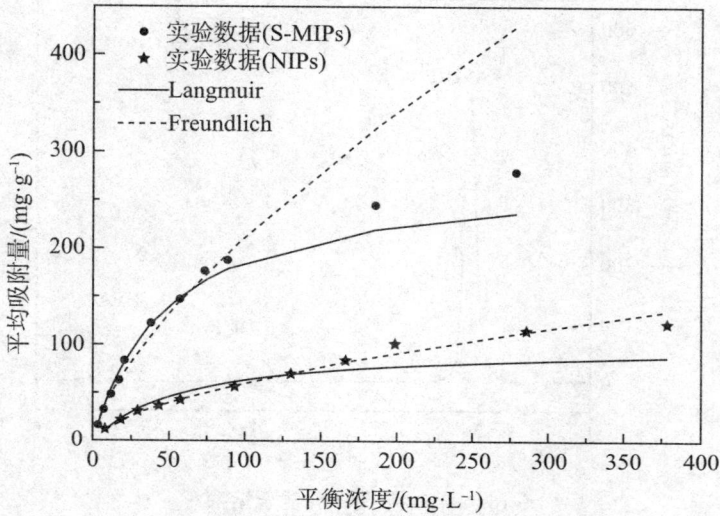

图7-8　吸附等温模型拟合图

7.2.3.3　吸附选择性

我们采用了竞争吸附的形式来考察 S-MIPs 对 BPA 的选择性，图7-9（a）、7-9（b）和7-9（c）分别显示的是三元混合溶液、三元混合液被 NIPs 和 S-MIPs 吸附后的上清液的高效液相色谱图。

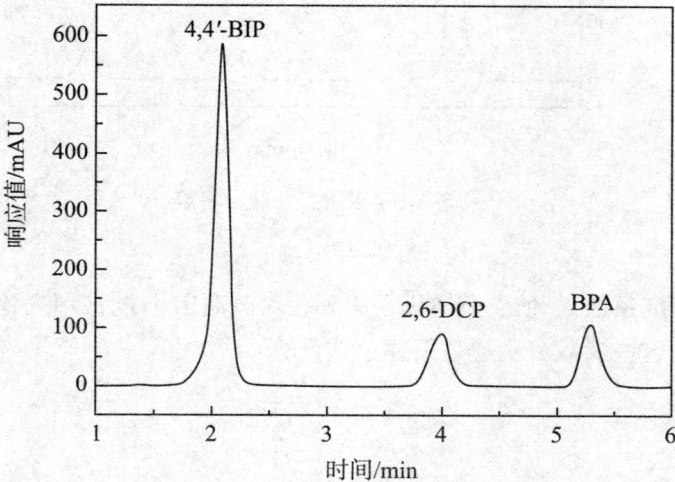

（a）三元混合溶液

图7-9　选择性吸附实验的高效液相色谱图

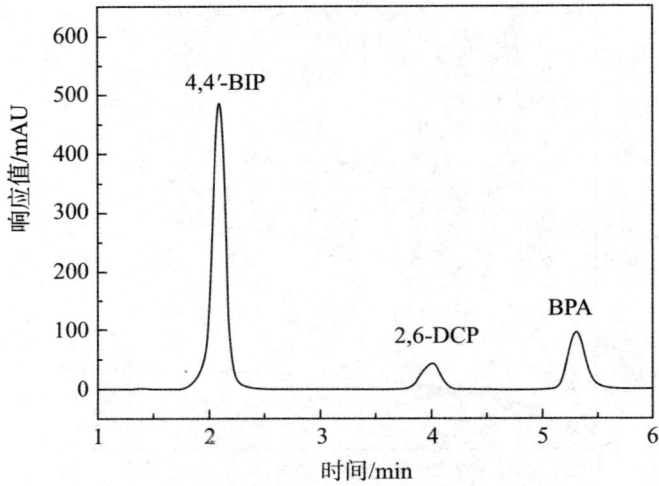

（b）MIPs 吸附三元混合溶液

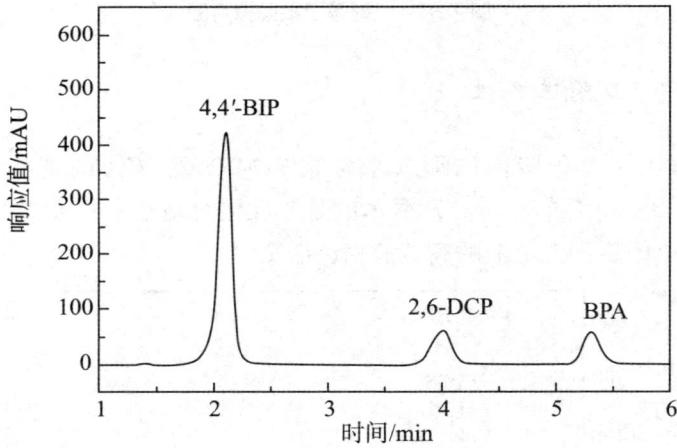

（c）S-MIPs 吸附三元混合溶液

图 7-9 （续）

静态分配系数 K_d 值、分离因子 k 和相对分离因子 k' 被用来评估 S-MIPs 的选择性，这些参数分别通过下述公式计算：

$$K_d = \frac{C_p}{C_s} \qquad （7-1）$$

$$k_d = \frac{K_{d1}}{K_{d2}} \qquad\qquad (7\text{-}2)$$

$$k' = \frac{k_{S-MIP}}{k_{NIP}} \qquad\qquad (7\text{-}3)$$

在上述公式中，C_p 是吸附浓度，C_s 是上清液浓度。K_{d1} 和 K_{d2} 分别是 BPA 和竞争酚的静态分配系数。k_{S-MIP} 和 k_{NIP} 分别代表 S-MIPs 和 NIPs 的分离因子。k' 揭示了和 S-MIPs 相比较，NIPs 对 BPA 吸附的选择性和亲和力。分配系数和选择性系数的数据见表 7-4 所列。从图 7-9 和表 7-4 可看出，S-MIPs 对混合物中的 BPA 有良好的吸附选择性。与 NIPs 相比较，S-MIPs 对 4，4'-BIP 的吸附量是其 3.8 倍，对 2，6-DCP 的吸附量是其 17.1 倍，表明印迹过程是有效的。

表7-4　静态分配系数和选择性系数

分析物	K_d		k		k'
	S-MIPs	NIPs	S-MIPs	NIPs	
BPA	1.51	0.45			
4，4'-BIP	0.47	0.53	3.20	0.84	3.81
2，6-DCP	0.18	0.92	8.32	0.48	17.33

7.2.4　再生利用

为了考察 S-MIPs 的再生性能，吸附了 BPA 的 S-MIPs 用甲醇与乙酸（$V : V = 8 : 2$）的混合液进行解吸附，再用甲醇洗涤后烘干，之后再重复使用，如此共循环 5 次。图 7-10 为 S-MIPs 对 BPA 溶液进行 5 次吸附／脱附循环实验得到的 S-MIPs 的平衡吸附量与吸附剂循环使用次数的关系。从图中可以看出，随着再利用次数的增加，S-MIPs 对 BPA 的平衡吸附量逐渐减少，第 5 次的平衡吸附量为 62.95 mg/g，是第 1 次平衡吸附量的 77.39%，由此可以看出，S-MIPs 的再生性能较好，可以用于实际中 BPA 的分离／富集。

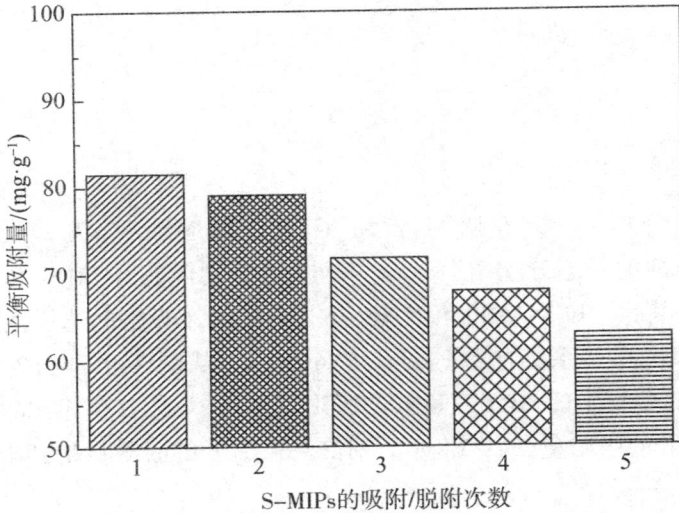

图 7-10   多次吸附 / 脱附循环后 S-MIPs 的再生性能

7.2.5   实际样品分析

在本实验中采用了菱角和莲藕两种水生植物作为分析样品，经过处理的提取液加标后配成的溶液通过 S-MIPs 和 NIPs 作为固相萃取剂富集后，采用高效液相色谱 – 紫外检测器（HPLC-UVD）测定其洗脱液，并与原标准溶液图谱对比，由此来评估 S-MIPs 作为固相萃取剂的可行性。

S-MIPs 和 NIPs 固相萃取菱角和莲藕样品的高效液相色谱图分别如图 7-11 和 7-12 所示。在这两个图中，图层 B、D、F 分别为提取液加标后的标准溶液、S-MIPs 固相萃取后的洗脱液、NIPs 固相萃取后的洗脱液。从图中可以看出，图层 B 属于菱角和莲藕的峰出现在前面，由于加标溶液浓度过小，因而没有被检测出来；经过 S-MIPs 萃取后，在图层 D 中出现了属于 BPA 的波峰，保留时间分别为 5.976 min 和 5.884 min，且属于菱角和莲藕的波峰变小，表明 S-MIPs 对两种物质中所含的有机质的吸附量很小；经过 NIPs 萃取后，在相似的时间内图层 F 中出现了 BPA 的波峰，但是峰面积较图层 D 中的要小很多，且 F 图层中，属于莲藕的波峰较 D 图层中的要大，这些都在一定程度上表明了 S-MIPs 对 BPA 的选择性较 NIPs 的要好。

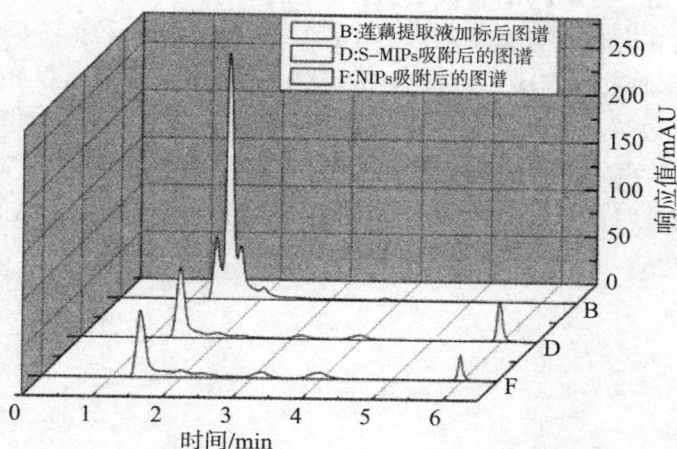

图 7-11　S-MIPs 固相萃取菱角和莲藕样品的高效液相色谱图

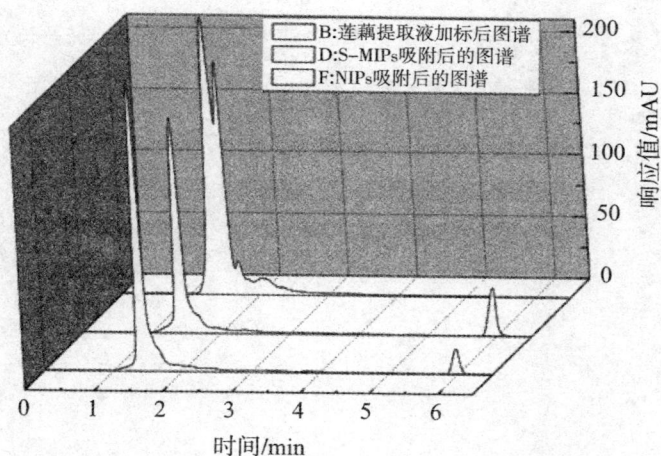

图 7-12　NIPs 固相萃取菱角和莲藕样品的高效液相色谱图

7.3　本章小结

通过透射电镜、热重分析和氮气吸附／脱附实验对 S-MIPs 进行表征，结果表明该研究成功合成了牺牲高岭土表面印迹聚合物。由比表面积的结果可以看出，MIPs 经过 HF 侵蚀后，孔容几乎增大了一倍多；热重分析结果显示，包裹在印迹聚合物中的高岭土的质量分数为 32.42%；对 S-MIPs 和 NIPs 进行系列吸附实验，结果表明 S-MIPs 对 BPA 吸附效果好于 NIPs 对 BPA 的吸附效果。此外，通过竞争吸附实验，证实 S-MIPs 对 BPA 具有较好的选择性；再生实验的结果表明 S-MIPs 具有重复利用性；实际样品分析实验的结果表明，S-MIPs 作为固相萃取剂运用于水溶液中 BPA 的分离 / 富集是可行的。

第 8 章　pH 敏感磁性分子印迹聚合物对联苯菊酯的吸附性能研究

环境响应性 MIPs 是未来分子印迹技术的发展方向，同时具有特定的选择性和智能响应效果，可以有效控制吸附分离和释放过程。pH 敏感聚合物是一种重要的智能材料。通过加入对 pH 敏感的单体（如甲基丙烯酸、乙烯基咪唑、乙烯基吡啶等）参与共聚反应。随着外部 pH 的变化，对 pH 敏感的材料会发生适当的化学反应。近年来，pH 敏感聚合物成为研究的焦点，在药物释放的控制上显示出良好的前景。通过将经聚甲基丙烯酸改性的预制硅烷表面接枝到双峰介孔二氧化硅表面上，制备了智能的 pH 响应控制的药物递送系统，载药样品的药物释放量取决于 pH，并且药物释放量随着 pH 的增加而增加，这意味着 pH 响应性聚合物在药物递送系统是有前途的药物载体。该 pH 敏感技术还可用于分子印迹技术，使 MIP 具有 pH 响应性，以控制目标的吸附和释放。pH 敏感分子印迹聚合物对模板分子的识别能力随溶液 pH 的变化而产生可逆的变化。因此，基于 Pickering 乳液聚合制备 pH 敏感分子印迹聚合物对环境残留拟除虫菊酯的识别和分离具有重要意义。

在这项工作中，根据以前的经验制备了对 pH 敏感的磁性分子印迹聚合物（HM-MIPs），该聚合物是通过 Pickering 乳液聚合制备的，并用作联苯菊酯（BF）的选择性吸附和分离的吸附剂。在制备过程中，BF 为模板分子，甲基丙烯酸（MAA）既是功能单体又是对 pH 敏感的单体，乙二醇二甲基丙烯酸酯（EGDMA）是交联剂，偶氮二异丁酸二甲酯（AIBME）是引发剂。将 BF、MAA、EGDMA、AIBME、甲苯和二氯甲烷的混合物用作有机相（油相），将用作磁性载体的油酸改性的 Fe_3O_4 纳米级颗粒分散在油相中。另外，将用作 Pickering 乳液稳定剂的 $Fe(OH)_3$ 纳米颗粒分散在水中，通过剧烈摇动形成水包油的 Pickering 乳液。

本章研究了 HM-MIPs 的一些相关特性，以分析其物理和化学性质；以 HM-MIPs 为吸附剂，研究了 BF 的吸附等温线、动力学性能和吸附选择性；研究了 pH 对 HM-MIPs 在水溶液中吸附和释放 BF 的影响。

8.1 实验材料与方法

8.1.1 材料与仪器

药品和仪器分别见表 8-1、表 8-2 所列。

表8-1 药品列表

药品	规格
乙醇	分析纯
甲醇	
乙酸	
二氯甲烷	
甲醇	高效液相色谱纯
甲基丙烯酸（MAA）	分析纯
$FeCl_2 \cdot 4H_2O$	
$FeCl_3 \cdot 6H_2O$	
NaOH	
油酸	
甲苯	
正硅酸乙酯（TEOS）	
氨水	
邻苯二甲酸二乙酯（DEP）	
偶氮二异丁酸二甲酯（AIBME）	
乙二醇二甲基丙烯酸酯（EGDMA）	
联苯菊酯（BF）	
氰戊菊酯（FL）	

表8-2　仪器列表

仪器	型号
热重分析仪	DSC/DTA-TG
振动样品磁力计	—
X- 射线衍射仪	Rigaku D/max-γB
扫描电子显微镜	—
透射电子显微镜	JEM-2100
原子吸收分光光度计	TBS-990
色谱分析仪	Agilent 1200 BF
紫外可见分光光度计	UV-2450

8.1.2　实验方法

8.1.2.1　Fe_3O_4 纳米颗粒及表面油酸改性的 Fe_3O_4 纳米颗粒的合成

将 1.35 g $FeCl_3 \cdot 6H_2O$ 和 0.6 g $FeCl_2 \cdot 4H_2O$ 溶解在 50 mL 去离子水中，并在氮气气氛中加热至 30 ℃，机械搅拌 15 min。随后，在剧烈的机械搅拌下将 50 mL NaOH 溶液（0.5 mol/L）快速添加到上述溶液中。通过磁分离将合成的 Fe_3O_4 纳米颗粒收集，用乙醇洗涤 3 次，即得 Fe_3O_4 纳米颗粒。将获得的 Fe_3O_4 纳米颗粒分散在 40 mL 油酸和乙醇（$V : V=1 : 3$）的混合物中，加热至 50 ℃并机械搅拌 6 h。磁分离后，将疏水性 Fe_3O_4 纳米颗粒（HFNs）用乙醇洗涤 3 次，并于 40 ℃真空干燥，即得油酸改性的 Fe_3O_4 纳米颗粒。

8.1.2.2　HM-MIPs 合成

先按下列程序制备 Fe（OH）$_3$ 纳米颗粒。将 0.1 g $FeCl_3 \cdot 6H_2O$ 溶解在 10 mL 去离子水中，滴加 1.0 mL 氨水，剧烈摇动使两种溶液充分混合。将得到的沉淀物离心分离，用乙醇洗涤 3 次后使用鼓风机烘干，即得 Fe_3O_4 纳米颗粒。将获得的 Fe（OH）$_3$ 纳米颗粒分散在 20 mL 去离子水中用作 Pickering 乳液稳定剂。

将 0.11 mg BF 和 0.1 mL MAA 添加到由 1.5 mL 甲苯和 1.5 mL 二氯甲

烷组成的混合溶液中，预聚合反应 6 h。随后，将 1.0 mL EGDMA、0.05 mL AIBME、0.1 mL MAA 和 0.05 g HFNs 加到上述溶液中，磁力搅拌 10 min，所得混合物用作 Pickering 乳液的油相。

先通过剧烈摇动制备稳定的水包油 Pickering 乳液，然后用氮气吹扫 10 min，将 Pickering 乳液于 65 ℃加热 12 h。通过磁分离收集合成的聚合物，并分别用水和乙醇洗涤 3 次。随后，将获得的聚合物在 50 ℃下真空干燥。用甲醇和乙酸的混合物（$V：V=95：5$）洗去模板分子 BF，通过在 50 ℃下真空干燥聚合物获得 HM–MIPs–Ⅰ。

pH 敏感磁性分子非印迹聚合物（HM–NIPs）的制备方法与 HM–MIPs–Ⅰ类似，但在制备过程中没有模板分子 BF。类似地，在制备过程仅添加一半量的 MAA 即可获得 pH 敏感磁性分子印迹聚合物Ⅱ（HM–MIPs–Ⅱ）。

8.1.2.3　静态吸附实验

静态吸附实验研究了初始 BF 浓度（20 ~ 200 mg/L）和平衡时间（30 ~ 720 min）对 BF 吸附的影响。在等温吸附研究中，将 5.0 mg 的 HM–MIPs–I 或 HM–NIPs 添加到 10 mL 不同初始质量浓度的 BF 的乙醇与蒸馏水的混合溶液中（$V：V=5：5$）中。将溶液的温度恒温控制在 25 ℃。12 h 后，通过外部磁场将 HM–MIPs–I 或 HM–NIPs 分离。在吸附动力学研究中，以分批实验的方式将 10 mL 初始 BF 浓度为 200 mg/L 的溶液与 5.0 mg 吸附剂反应，并使用紫外可见分光光度计在 20 ℃、254 nm 波长下测量水相中的 BF 残留量。通过质量平衡关系式（8–1）计算 t 时刻 BF 的吸附量（mg/g）：

$$Q_t = \frac{(C_0 - C_t)V}{W} \tag{8-1}$$

式中，C_0 为溶液中 BF 的初始浓度，单位 mg/L；C_t 为 t 时刻溶液 BF 的浓度，单位 mg/L；V 为溶液体积，单位 L；W 为吸附剂质量，单位 g。

8.1.2.4　选择性识别实验

使用另外两种与 BF 结构相关的化合物 DEP 和 FL 评估 HM–MIPs–I 和 HM–NIPs 吸附剂的选择识别性。首先，研究了单溶质吸附。将 5.0 mg HM–MIPs–I 或 HM–NIPs 吸附剂分别添加到 3 个比色管中，每个比色管中包含 10 mL 浓度均为 100 mg/L 的 BF、FL 或 BF、DEP。在 25 ℃吸附 12 h 后，用紫外可见分光光度计分别在波长 254 nm、277.5 nm 和 275 nm 处检测 BF、FL 和 DEP。之后，研究了双溶质溶液。实验是在 25 ℃条件下持续运行 12 h。制备了含有 BF、DEP 或 FL 的二元混合溶液，其浓度为 100 mg/L。通过向装有 10 mL 二元混合溶液的比色管中添加 5.0 mg HM-MIPs-I 或 HM-NIPs 进行实验。将上清液从比色管中分离，并通过 HPLC 紫外检测器在 254 nm 波长下进行分析。通过 C18 柱分离样品，其流动相为 88% 甲醇和 12% 去离子水的混合物，流速为 1.5 mL /min。

8.1.2.5　*漏磁实验*

为了估算可能从 HM-MIPs-I 浸出的磁铁矿量，将 10 mg HM-MIPs-I 放入装有 10 mL 不同 pH（2.0～8.0）的去离子水的试管中。将混合物通过旋转摇床摇动 12 h。然后，通过外部磁场分离 HM-MIPs-I，并通过原子吸收分光光度计测量浸出到介质中的铁离子的量。

8.2　结果与讨论

8.2.1　材料表征分析

图 8-1 为 Fe_3O_4、HFNs、HM-MIPs-I 以及 HMMIPs-II 样品的红外光谱图。其中，Fe_3O_4 的谱图中 572 cm^{-1} 和 629 cm^{-1} 处的宽峰归属为 Fe—O 特征吸收峰。相比 Fe_3O_4，HFNs 样品中位于 2 852 cm^{-1} 和 2 920 cm^{-1} 处的吸收峰分别归属为—CH_2 和—CH_3 的 CH 不对称伸缩振动，证明 HFNs 被成功合成。HM-MIPs-I 样品中位于 1 732 cm^{-1}、1 260 cm^{-1} 和 1 159 cm^{-1} 的峰分别是 C=O 拉伸振动以及 C—O 的对称和不对称拉伸振动峰，2 991 cm^{-1} 和 2 951 cm^{-1} 处的吸收峰为—CH 和—CH_3 的典型吸收峰。相比于 HM-MIPs-II，我们发现，HM-MIPs-I 谱图中 3 446 cm^{-1} 处较强的宽吸收峰是由于 MAA 分子的—OH 拉伸引起的，这是由于在制备 HM-MIPs-I 时有更多的 MAA 参与。这些峰意味着成功合成了 HM-MIPs-I 样品。图 8-2 展示了 Fe_3O_4 的 XRD 谱图，位于 2θ 范围 20°～70° 的 6 个 Fe_3O_4 的特征衍射峰，说明 Fe_3O_4 被成功合成。

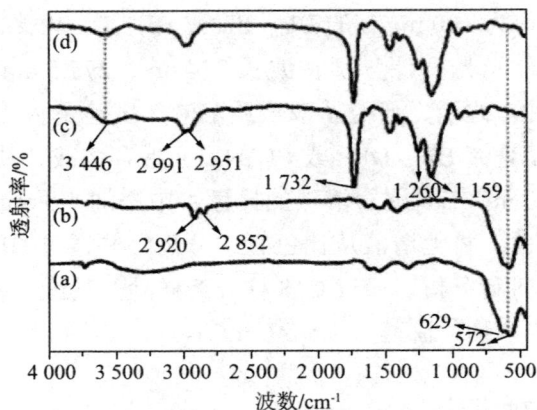

（a）Fe₃O₄；（b）HFNs；（c）HM–MIPs–Ⅰ；（d）HM–MIPs–Ⅱ

图 8-1　Fe₃O₄、HFNs、HM-MIPs-Ⅰ以及 HM-MIPs-Ⅱ样品的红外光谱图

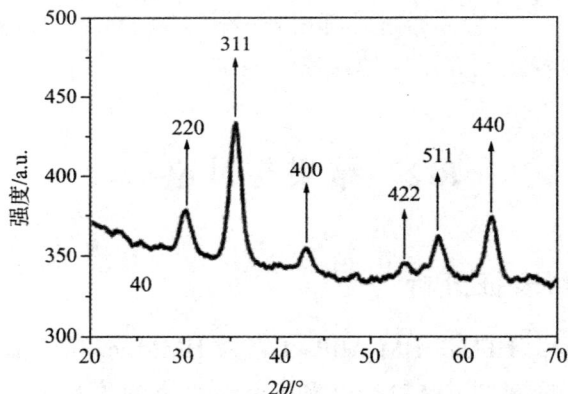

图 8-2　Fe₃O₄ 的 XRD 谱图

HM-MIPs-Ⅰ和 HM-NIPs 的热重分析曲线如图 8-3 所示。当温度为 200 ℃时，HM-MIPs-Ⅰ和 HM-NIPs 的质量损失是由水分蒸发造成的。200 ～ 800 ℃阶段的质量损失是由两者中的聚合物在高温状态下分解引起的，最后仅剩 Fe₃O₄。由于聚合程度的不同，HM-MIPs-Ⅰ的质量损失比 HM-NIPs 的低 4.04%。

通过 VSM 在室温下得到的 HM-MIPs-Ⅰ和 Fe₃O₄ 样品的磁化曲线分别显示在图 8-4 和图 8-5 中。Fe₃O₄ 和 TM-MIPs 的磁饱和强度分别为 54.13 emu/g 和 1.06 emu/g。图 8-6 为 HM-MIPs-Ⅰ磁分离样品，从图中可看出，

HM–MIPs–Ⅰ可以被成功地磁分离，这说明合成的 HM–MIPs–Ⅰ是有磁性的。图 8–7 为 pH 对 HM–MIPs–Ⅰ磁稳定性的影响情况，当 pH ≥ 4 时，几乎没有磁性材料漏出，即使当 pH=2 时，在上清液中也仅检测到 0.003 mg 的铁离子，这表明 HM–MIPs–Ⅰ具有一定的磁稳定性。

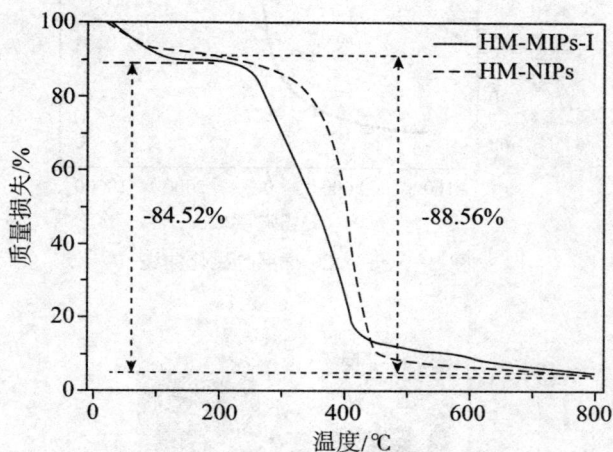

图 8-3　HM–MIPs–Ⅰ和 HM–NIPs 样品的热重分析曲线

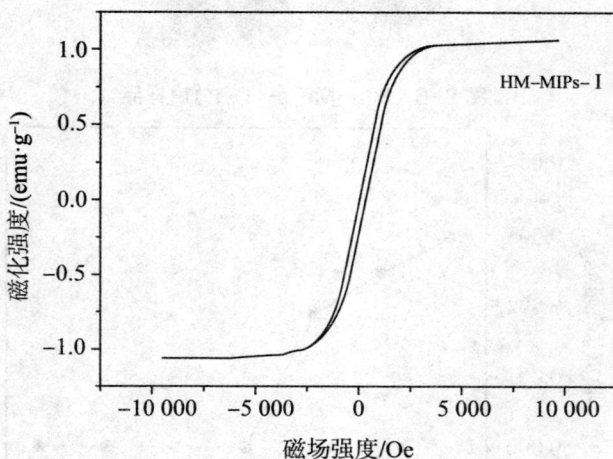

图 8-4　HM–MIPs–Ⅰ样品的磁化曲线

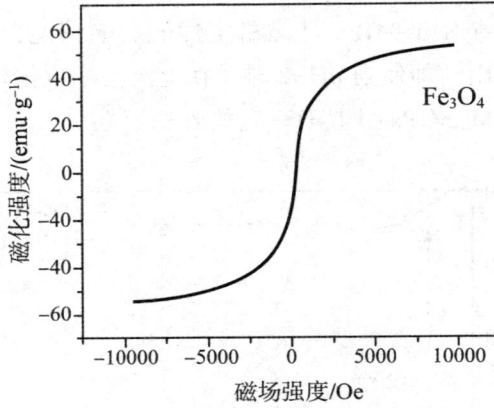

图 8-5　Fe₃O₄ 样品的磁化曲线

图 8-6　HM-MIPs-Ⅰ磁分离样品

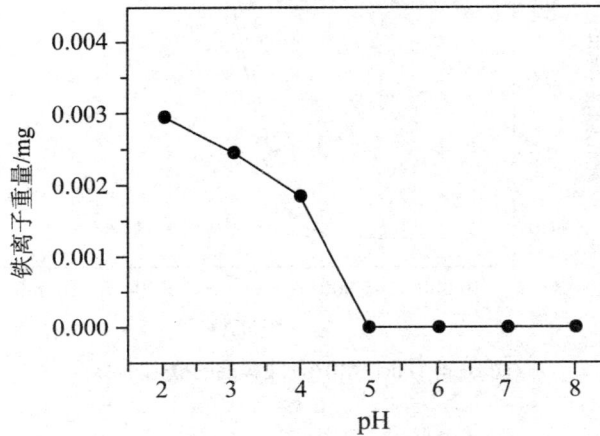

图 8-7　pH 对 HM-MIPs-Ⅰ磁稳定性的影响

图 8-8 为 Fe_3O_4、HM–MIPs– I 样品的 SEM 图片。从图 8-8（a）可以看出，Fe_3O_4 纳米粒子的直径约为 15 nm。通过图 8-8（b）观察到 HM–MIPs–I 颗粒的直径在 30 ～ 150 μm。从图 8-4（c）可以发现粗糙、多孔的表面。图 8-8（d）表明其内部的聚合物是多孔的，平均孔径为 100 nm，孔径分布在 30 ～ 300 nm。

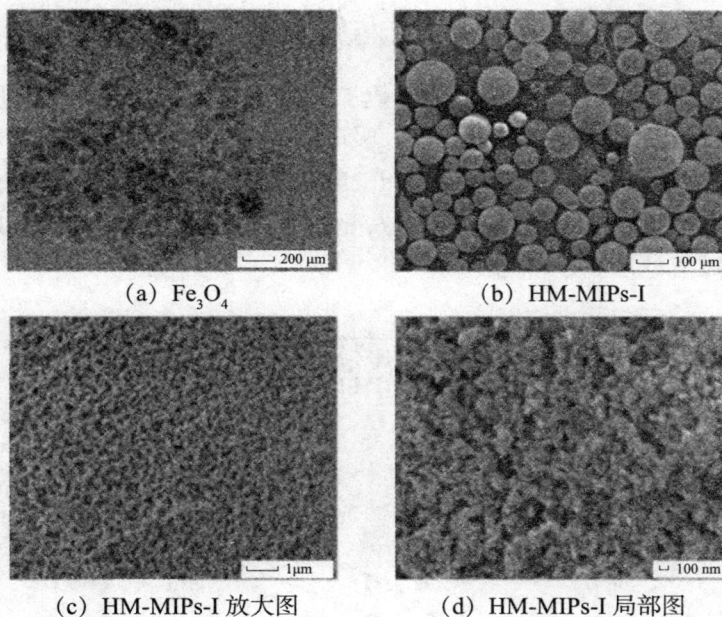

(a) Fe_3O_4　　　　　　　　　(b) HM-MIPs-I

(c) HM-MIPs-I 放大图　　　　　(d) HM-MIPs-I 局部图

图 8-8　试样的 SEM 图

8.2.2　吸附机理探究

8.2.2.1　等温吸附

通过平衡吸附实验，从理论上研究了 HM–MIPs–I 和 HM–NIPs 对 BF 的结合性能，根据 Langmuir 和 Freundlich 等温吸附模型拟合得到的平衡数据如图 8-9 所示。Langmuir 等温吸附模型假设吸附行为是基于单层吸附和均匀的固体表面，而 Freundlich 等温吸附模型是一个基于非均一的表面能和不均匀的固体表面的经验方程。通过对相关系数（R^2）的判断，研究了等温吸附模型对吸附行为的适用性。Langmuir 和 Freundlich 等温吸附模型的非线性形式分别用以下公式表示：

$$Q_{eq}=\frac{Q_m K_L C_{eq}}{1+K_L C_{eq}} \tag{8-2}$$

$$Q_{eq}=K_F C_{eq}^{\frac{1}{n}} \tag{8-3}$$

式中，Q_e 为平衡吸附容量，单位 mg/g；C_e 为吸附物在平衡状态下的平衡浓度，单位 mg/L；Q_m 为吸附剂的最大吸附容量，单位 mg/g；K_L 为 Langmuir 吸附常数，单位 L/mg；K_F 为 Freundlich 吸附平衡常数，单位 mg/g；$1/n$ 是交换强度或表面非均质性的量度，$1/n$ 的值 <1.0，说明去除条件良好。吸附实验的计算值见表 8-3 所列。

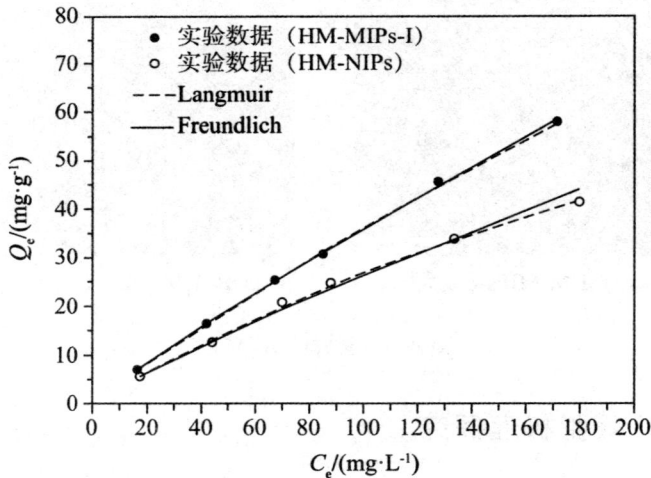

图 8-9　BF 在 HM-MIPs-Ⅰ和 HM-NIPs 上平衡吸附的数据和模型

表8-3　HM-MIPs-Ⅰ和HM-NIPs上吸附BF的Langmuir和Freundlich等温线常数

样品	Langmuir 模型			Freundlich 模型		
	R^2	$Q_m/(mg \cdot g^{-1})$	$k_L/(L \cdot mg^{-1})$	R^2	$k_F/(mg \cdot g^{-1})$	$1/n$
HM-MIPs-Ⅰ	0.906 8	285.714 3	0.001 464	0.999 8	0.550 405	0.907 4
HM-NIPs	0.952 6	138.888 9	0.002 401	0.995 7	0.476 923	0.871 3

从图 8-9 可以看出，吸附剂的吸附能力随着 BF 浓度的增加而增加。吸附 BF 的能力遵循的顺序为 HM-MIPs-I>HM-NIPs，表明 HM-MIPs-I 对 BF 具有显著的优先吸附性。这可能是因为 HM-MIPs-I 对印迹分子具有良好的特殊性。由表 8-3 知，Freundlich 常数 $1/n$ 均小于 1.0，说明实验条件有利于 BF 吸附。HM-MIPs-I 的吸附容量随初始浓度的增加呈线性上升趋势。由图 8-9 和表 8-3 知，Freundlich 吸附等温模型的 R^2 为 0.999 8，表明 HM-MIP-I 和 HM-NIPs 对 BF 的吸附过程由多层吸附行为主导。可见，HM-MIPs-I 对 BF 的吸附能力高于非印迹 HM-MIPs-I。结果表明，HM-MIPs-I 表面存在大量且高效的识别位点。

8.2.2.2　吸附动力学

在所有的吸附研究中，吸附动力学具有重要意义，它可以为吸附结合和速率控制机制的研究提供有价值的信息。在这项研究中，采用拟一阶和拟二阶方法研究了 HM-MIPs-I 或 HM-NIPs 吸附 BF 的控制机理。用拟一阶和拟二阶动力学方程拟合的结果如图 8-10 所示，吸附剂初始浓度为 200 mg/L，温度为 25 ℃时，HM-MIPs-I 和 HM-NIPs 吸附 BF 所需的平衡时间约为 640 min。拟一阶和拟二阶动力学模型可表示为式（8-4）和式（8-5）：

$$\log(Q_{eq}-Q_t)=\log Q_{eq}-(\frac{k_1}{2.303})t \tag{8-4}$$

$$\frac{t}{Q_t}=\frac{1}{k_2 Q_{eq}^2}+\frac{t}{Q_{eq}} \tag{8-5}$$

式中，Q_t 和 Q_e 分别为 t 时刻和平衡时刻的 BF 吸附量，单位 mg/g；k_1 和 k_2 分别为拟一阶和拟二阶速率常数，单位分别为 min^{-1} 和 $g \cdot mg^{-1} \cdot min^{-1}$，可通过 $\ln(Q_e-Q_t)$ 与 t 关系图和 t/Q_t 与 t 关系图计算获得。

所有吸附速率常数和线性回归相关系数列于表 8-4。由表 8-4 可知，拟二阶动力学模型的相关系数 R^2 明显高于拟一阶。可以看出，拟二级动力学模型比拟一级动力学模型更适合研究 BF 在 HM-MIPs-I 和 HM-NIPs 上的吸附性能，即吸附过程由化学行为主导。这说明，HM-MIPs-I 表面特殊识别位点的形成促进了 BF 与其结合。

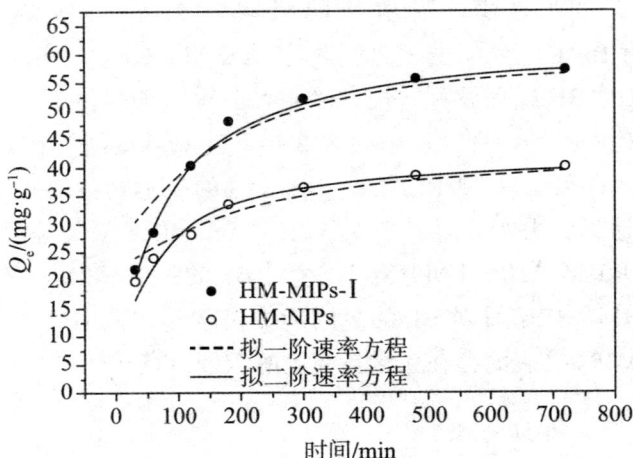

图 8-10　HM-MIPs-Ⅰ和 HM-NIPs 吸附 BF 的动力学数据和模型

基于拟二阶动力学模型，初始吸附速率（h，单位 $g \cdot mg^{-1} \cdot min^{-1}$）和半平衡时间（$t_{1/2}$，单位 min）计算如下：

$$h = k_2 Q_e^2 \qquad (8-6)$$

$$t_{\frac{1}{2}} = \frac{1}{k_2 Q_e} \qquad (8-7)$$

初始吸附速率和半平衡时间通常用于吸附速率的测定，结果见表 8-4 所列，采用拟二阶动力学模型计算的 Q_e 值更接近实验值。因此，拟二级动力学模型可以很好地描述 HM-MIPs-Ⅰ的吸附性能，表明化学吸附过程是主要的速控步骤，且 BF 在 HM-MIPs-Ⅰ上的初始吸附率高于在 HM-NIPs 上的初始吸附率。

表8-4　拟一阶和拟二阶速率方程的动力学常数

样品	拟一阶动力学模型			拟二阶动力学模型				
	R^2	$Q_{eq,\,cal}/$ $(mg \cdot g^{-1})$	$k_1/$ min^{-1}	R^2	$Q_{eq,\,cal}/$ $(mg \cdot g^{-1})$	$k_2/$ $(g \cdot mg^{-1}$ $\cdot min^{-1})$	$h/$ $(mg \cdot g^{-1}$ $\cdot min^{-1})$	$t_{1/2}$
HM-MIPs-Ⅰ	0.950 0	31.62	0.005 4	0.999 4	62.5	0.000 262	1.024	61.05
HM-NIPs	0.953 4	18.47	0.004 5	0.998 9	42.37	0.000 496	0.890 2	47.60

8.2.2.3　吸附选择性

为了探讨 HM-MIPs- Ⅰ 的特殊性质，分别对 BF、FL 和 DEP 在 HM-MIPs- Ⅰ上的吸附进行了识别性比较。BF、FL 和 DEF 的化学结构如图 8-11 所示。

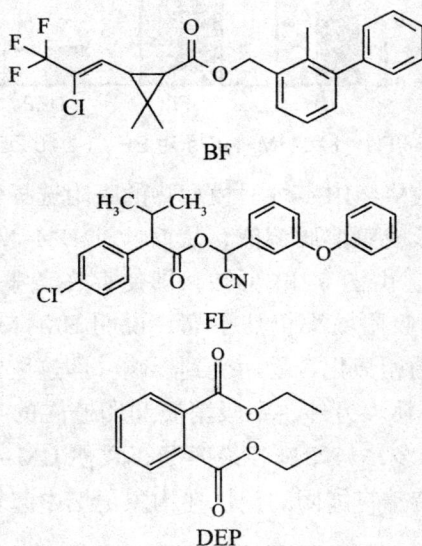

图 8-11　测试物质的化学结构

为了测定 HM-MIPs- Ⅰ对 BF 吸附的特异性，我们将其与 DEP 和 FL 进行了比较。由图 8-12 知，HM-MIPs- Ⅰ和 HM-NIPs 对 DEP 或 FL 的去除率没有明显差异，而 HM-MIPs- Ⅰ对 BF 有更高的吸附容量，HM-MIPs- Ⅰ对三者吸附能力的顺序为 BF>FL>DEP，说明 HM-MIPs- Ⅰ对模板分子（BF）有选择性识别。测试的三种化合物与功能单体之间可形成氢键。通过比较吸附质的化学结构，发现模型分子的大小、结构和官能团的不同可能是导致识别效果不同的原因。

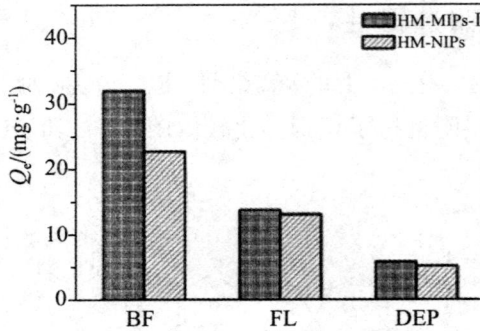

图 8-12　HM-MIPs- Ⅰ 和 HM-NIPs 对 BF、FL 和 DEP 的吸附能力

　　为了进一步研究 HM-MIPs- Ⅰ对模型物的吸附选择性，将 DEP 或 FL 分别加入 BF 水溶液中形成双溶质溶液，从而验证 HM-MIPs- Ⅰ对 BF 混合物选择性识别的可行性。由图 8-13 可知，即使存在竞争性化合物的情况下，HM-MIPs- Ⅰ对 BF 的吸附效率仍然很高，说明 HM-MIPs- Ⅰ对 BF 的吸附能力不会因为存在结构相似化合物而受到影响。印迹腔的识别位点与竞争分子（DEP 和 FL）不互补。另外，在吸附质和印迹腔的空间结构和形成氢键的数量上，BF 氢键最多，与印迹腔最匹配，致使 HM-MIPs- Ⅰ捕获其他物质的机会较少，表明特殊官能团的记忆在构象记忆中起着重要作用。

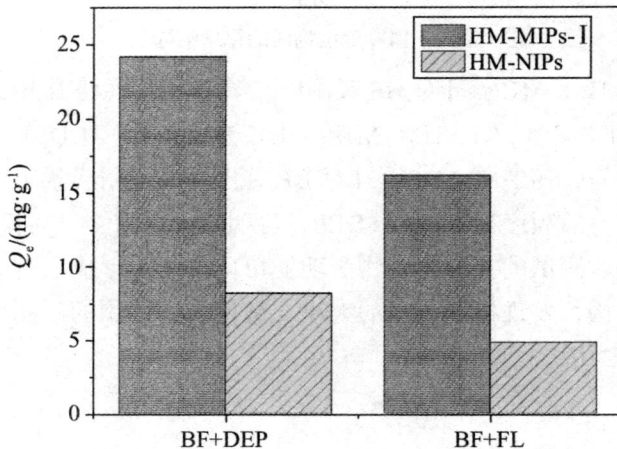

图 8-13　HM-MIPs- Ⅰ 和 HM-NIPs 对 BF 在双溶质溶液中的吸附选择性

8.3　本章小结

（1）以油酸改性的 Fe_3O_4 纳米级颗粒为磁性基体，以对 pH 敏感的 MAA 为单体，使用乳液聚合法制备了颗粒均匀的 pH 敏感磁性分子印迹材料 HM-MIPs。该吸附材料具有稳定磁性，利于回收。

（2）HM-MIPs 对 BF 的吸附行为符合 Freundlich 等温吸附模型和拟二级动力学模型，吸附过程由多层化学吸附主导，最大理论吸附容量为 62.5 mg/g。

（3）HM-MIPs 和 HM-NIPs 在 BF、FL、DEP 的一元溶液中，对 BF 的吸附性能最佳。在 BF+DEP 和 BF+FL 的二元竞争体系中，HM-MIPs 对 BF 的选择吸附性能良好。

参 考 文 献

［1］张辉. 化学沉淀法去除造纸废水钙污染物的工艺研究 [D]. 杭州：浙江大学，2020.

［2］胡雪飞，黄万抚. 氨氮废水处理技术研究进展 [J]. 金属矿山，2017（8）：199-203.

［3］杜琦. 化学沉淀—离子交换法处理电镀含镍废水研究 [D]. 兰州：兰州大学，2020.

［4］付阳. 铁炭微电解法处理青霉素和磺胺类抗生素废水的研究 [D]. 杭州：浙江工业大学，2016.

［5］WU L M，LIAO L B，LU G C，et al. Micro-electrolysis of Cr（Ⅵ）in the nanoscale zero-valent iron loaded activated carbon[J]. Journal of hazardous materials，2013（15）：277-283.

［6］张春永，沈迅伟，张静，等. 铁炭微电解法处理混合农药废水的研究 [J]. 江苏化工，2003（4）：47-51.

［7］胡玉洁，华兆哲，王璋，等. 黄姜废水的铁炭微电解混凝预处理研究 [J]. 环境污染治理技术与设备，2004（9）：44-47.

［8］别旭峰. 微电解和高级氧化工艺处理 Cu-EDTA 的效能及机理 [D]. 哈尔滨：哈尔滨工业大学，2017.

［9］张越锋，殷波，于海峰，等. 响应面法优化 Fenton 处理棉浆废水 [J]. 水处理技术，2020，46（6）：112-116.

［10］WANG H F，ZHAO Y S，LI T Y，et al. Properties of calcium peroxide for release of hydrogen peroxide and oxygen：A kinetics study[J]. Chemical engineering journal，2016，303：450-457.

［11］QIAN Y J，ZHOU X F，ZHANG Y L，et al. Performance and properties of nanoscale calcium peroxide for toluene removal[J]. Chemosphere，2013，91（5）：717-723.

［12］ROTT E，MINKE R，BALI U，et al. Removal of phosphonates from industrial wastewater with UV/Fe II ，Fenton and UV/Fenton treatment[J]. Water research，2017，122.（octal）：345-354.

［13］BABUPONNUSAMI A，MUTHUKUMAR K. Advanced oxidation of phenol：A comparison between Fenton，electro-Fenton，sono-electro-Fenton and photo-electro-Fenton processes[J]. Chemical engineering journal，2012，183：1-9.

［14］张晨. 铁络合类芬顿反应降解水中典型有机物的研究 [D]. 秦皇岛：燕山大学，2020.

［15］夏琦兴. 铁基类芬顿催化剂的制备及降解苯酚性能研究 [D]. 哈尔滨：哈尔滨工业大学，2019.

［16］王兵，李娟，莫正平，等. 基于硫酸自由基的高级氧化技术研究及应用进展 [J]. 环境工程，2012，30（4）：53-57.

［17］王坤，许国根，贾瑛，等. 紫外光活化过硫酸钠降解偏二甲肼 [J]. 化工环保，2019，39（2）：168-171.

［18］LIU H Z，BRUON T A，DOYLE F M，et al. In situ chemical oxidation of contaminated groundwater by persulfate：decomposition by Fe（III）- and Mn（IV）-containing oxides and aquifer materials[J]. Environmental science & technology，2014，48（17）：10330.

［19］张萍萍，葛建华，郭学涛，等. 热活化过硫酸盐降解联苯胺的研究 [J]. 水处理技术，2016，42（3）：65-68，75.

［20］张义焕，杨宇帆，沈佳如，等. 超声 -Fe^{2+}-$K_2S_2O_8$/$NaHSO_3$ 体系降解罗丹明 B[J]. 化工环保，2020，40（5）：501-506.

［21］WANG J L，WANG S Z. Activation of persulfate（PS）and peroxymonosulfate（PMS）and application for the degradation of emerging contaminants[J]. Chemical engineering journal，2018，334：1502–1517.

［22］宋洲，刘田，卢显鹏，等 .Co~（2+）活化过氧单磺酸盐降解三氯生的条件优化及机理探讨 [J]. 环境污染与防治，2021，43（1）：62–66.

［23］王柯晴，徐劼，陈家斌，等 . 氧基氯化铁非均相活化过一硫酸盐降解金橙Ⅱ [J]. 中国环境科学，2020，40（8）：3385–3393.

［24］史宸菲，贾淑敏，李雨濛，等 . 水稻秸秆生物炭 – 过硫酸盐去除水中 p–硝基酚 [J]. 化工环保，2017，37（6）：632–637.

［25］ZHANG J L，ZHAI J R，ZHENG H，et al. Adsorption，desorption and coadsorption behaviors of sulfamerazine，Pb（Ⅱ）and benzoic acid on carbon nanotubes and nano–silica[J]. Science of the total environment，2020，738：139685.

［26］王佳，魏俊翀，熊甜甜，汤峥，等 . 纳米四氧化三铁沸石微球吸附废水中铅离子研究 [J]. 水处理技术，2019，45（3）：82–88.

［27］曹蕾，张龙，张效华，等 . 改性沸石复合材料的制备及对废水同步脱氮除磷 [J]. 化工环保，2020，40（1）：68–73.

［28］RIZZI V，ROMANAZZI F，GUBITOSA J，et al. Chitosan film as eco-friendly and recyclable bio–adsorbent to remove/recover diclofenac，ketoprofen，and their mixture from wastewater[J]. Biomolecules，2019，9（10）：571.

［29］MOJIRI A，ZHON J L，ROBINSON B，et al. Pesticides in aquatic environments and their removal by adsorption methods[J]. Chemosphere，2020，253：126646.

［30］YAZDI F，ANBIA M，SALEHI S. Characterization of functionalized chitosan–clinoptilolite nanomposites for nitrate removal from aqueous media[J]. International journal of biological macromolecules，2019，130：545–555.

［31］KUMAR M，DOSANJH H S，SINGH H. Biopolymer modified transition metal spinel ferrites for removal of fluoride ions from water[J]. Environmental nanotechnology，monitoring & management，2019，12（6）：100237.

［32］HU D L，HUANG H Y，JIANG R，et al. Adsorption of diclofenac sodium on bilayer amino–functionalized cellulose nanocrystals/chitosan composite[J]. Journal of hazardous materials，2019，369：483–493.

［33］钟少锋，吉婉丽，刘晓云.壳聚糖超细纤维的制备及其铬离子吸附性能研究 [J]. 化学试剂，2020，42（3）：226–231.

［34］刘树丽.四种微生物吸附剂的制备及其对废水中重金属的去除特性与机理研究 [D]. 昆明：昆明理工大学，2019.

［35］PAULING L. A theory of the structure and process of formation of antibodies*[J].Journal of the american chemical siety，1940，62（10）：2643–2657.

［36］钟卫萍.钯和锂离子印迹聚合物的选择性和抗干扰性能研究 [D]. 南昌：南昌航空大学，2017.

［37］LIU P X，AN H，REN YM，et al. Selective recognition mechanism of molybdenum（VI）ions binding onto ion–imprinted particle in the water[J]. Chemical engineering journal，2018，349：176–183.

［38］YOON J Y，NAM I H，YOON M H. Biosorption of uranyl ions from aqueous solution by parachlorella sp. AA1[J]. International journal of environmental research and public health，2021，18（7）：3641.

［39］TAHAEI R，SHAYANI–JAM H，YAFTIAN M R. Voltammetric determination of trace copper（II），cadmium（II），and lead（II）using a schiff base modified glassy carbon working electrode[J]. Monatshefte für chemie – chemical monthly，2021，152（1）：51–59.

［40］CHAUHAN A，BHATIA T，GUPTA M K，et al. Imprinted nanospheres based on precipitation polymerization for the simultaneous extraction of six urinary benzene metabolites from urine followed by injector port silylation and gas chromatography–tandem mass spectrometric analysis[J]. Journal of chromatography B，2015，1001（4）：66–74.

［41］ALIZADEH T，GANJALI M R，RAFIEI F，et al. Synthesis of nano–sized timolol–imprinted polymer via ultrasonication assisted suspension polymerization in silicon oil and its use for the fabrication of timolol voltammetric sensor[J]. Materials science & engineering C，2017，77：300–307.

［42］WANG C Y，WANG H，ZHANG M，et al. Molecularly imprinted photoelectrochemical sensor for aflatoxin B1 detection based on organic/inorganic hybrid nanorod arrays[J]. Sensors and actuators：B. chemical，2021，339：129900.

［43］KEILI R，DOLAK B，ZIYADANOULLAR B，et al. Ion imprinted cryogel-based supermacroporous traps for selective separation of cerium（Ⅲ）in real samples[J].Journal of rare earths，2018，36（8）：77-82.

［44］FALLAH N，TAGHIZADEH M，HASSANPOUR S. Selective adsorption of Mo（Ⅵ）ions from aqueous solution using a surface-grafted Mo（Ⅵ）ion imprinted polymer[J]. Polymer，2018，144：80-91.

［45］KIDAKOVA A，REUT J，RAPPICH J，et al. Preparation of a surface-grafted protein-selective polymer film by combined use of controlled/living radical photopolymerization and microcontact imprinting[J]. Reactive and functional polymers，2018，125：47-56.

［46］MONIER M ，ABDEL-LATIF D A，YOUSSEF I. Preparation of ruthenium （Ⅲ）ion-imprinted beads based on 2-pyridylthiourea modified chitosan[J]. Journal of colloid and interface science，2018，513：266-278.

［47］CONEJO J，BLATZ M B. Simplified fabrication of an esthetic implant-supported crown with a novel CAD/CAM glass ceramic.[J]. The compendium of continuing education in dentistry ，2016，37（6）：396-399.

［48］EI-LATEEF H，AI-OMAIR M A，TOUNY A H，et al. Enhanced adsorption and removal of urea from aqueous solutions using eco-friendly iron phosphate nanoparticles[J]. Journal of environmental chemical engineering，2019，7（1）：102939.

［49］ZUO Y M，ZHANG J Q，CHENG X Q，et al. Enhanced autophagic flux contributes to cardioprotection of remifentanil postconditioning after hypoxia/reoxygenation injury in H9c2 cardiomyocytes[J]. Biochemical and biophysical research communications，2019，514（3）：953-959.

［50］MONIER M，YOUSSEF I，EL-MEKABATY A. Preparation of functionalized ion-imprinted phenolic polymer for efficient removal of copper ions[J]. Polymer international，2020，69（1）：31-40.

［51］ZHU C，HU T J，TANG L，et al. Highly efficient extraction of lead ions from smelting wastewater，slag and contaminated soil by two–dimensional montmorillonite–based surface ion imprinted polymer absorbent[J]. Chemosphere，2018，209：246.

［52］NEOLAKA Y A B，LAWA Y，NAAT J N，et al. A Cr（Ⅵ）–imprinted–poly（4–VP–co–EGDMA）sorbent prepared using precipitation polymerization and its application for selective adsorptive removal and solid phase extraction of Cr（Ⅵ）ions from electroplating industrial wastewater[J]. Reactive and functional polymers，2020，147：104451.

［53］邓天天，施卓，侯宇梦，等.基于纳米凹凸棒@CTS（壳聚糖）的砷离子印迹聚合物吸附特性[J].环境化学，2018，37（7）：1628–1637.

［54］胡莹露，卢闻君，郭明，等.埃洛石基离子印迹材料的制备及其镉离子传感性能[J].无机化学学报，2019，35（10）：1755–1766.

［55］KNIDRI H E，DAHMANI J，ADDAOU A，et al. Rapid and efficient extraction of chitin and chitosan for scale–up production：Effect of process parameters on deacetylation degree and molecular weight[J]. International journal of biological macromolecules，2019，139：1092–1102.

［56］ZHANG M，HELLEUR R，ZHANG Y. Ion–imprinted chitosan gel beads for selective adsorption of Ag^+ from aqueous solutions[J]. Carbohydrate polymers，2015，130：206–212.

［57］TRZONKOWSKA L，LESNIEWSKA B，GODLEWSKA–ZYLKIEWICZ B. Studies on the effect of functional monomer and porogen on the properties of ion imprinted polymers based on Cr（Ⅲ）–1，10–phenanthroline complex designed for selective removal of Cr（Ⅲ）ions[J]. Reactive and functional polymers，2017，117：131–139.

［58］GUO N，SU S J，LIAO B，et al. Preparation and properties of a novel macro porous Ni^{2+}–imprinted chitosan foam adsorbents for adsorption of nickel ions from aqueous solution[J]. Carbohydrate polymers，2017，165：376–383.

［59］WU Z C，WANG Z Z，LIU J，et al. A new porous magnetic chitosan modified by melamine for fast and efficient adsorption of Cu（Ⅱ）ions[J]. International journal of biological macromolecules，2015，81：838–846.

［60］KENAWY I M，ISMAIL M A，HAFEZ M A H，et al. Synthesis and characterization of novel ion-imprinted guanyl-modified cellulose for selective extraction of copper ions from geological and municipality sample[J]. International journal of biological macromolecules，2018，115：625-634.

［61］MONIER M，KENAWY I M，HASHEM M A. Synthesis and characterization of selective thiourea modified Hg（II）ion-imprinted cellulosic cotton fibers[J]. Carbohydrate polymers，2014，106：49-59.

［62］VELEMPINI T，PILLAY K，MBIANDA X Y，et al. Carboxymethyl cellulose thiol-imprinted polymers：Synthesis，characterization and selective Hg（II）adsorption.[J]. Journal of environmental sciences（China），2019，79：280-296.

［63］KLUNKLIN W，JANTANASAKULWONG K，PHIMOLSIRIPOL Y，et al. Synthesis，characterization，and application of carboxymethyl cellulose from asparagus stalk end[J]. Polymers，2020，13（1）.

［64］PRASAD B B，SINGH K. An electroconducting copper（II）imprinted sensor using algae as cheap substitute of multiwalled carbon nanotubes [J]. Electrochimica acta，2016，187：193-203.

［65］ZHENG X D，ZHANG Y，BIAN T T，et al. Oxidized carbon materials cooperative construct ionic imprinted cellulose nanocrystals films for efficient adsorption of Dy（III）[J]. Chemical engineering journal，2020，381：122669.

［66］WANG Z，KONG D L，QIAO N，et al. Facile preparation of novel layer-by-layer surface ion-imprinted composite membrane for separation of Cu^{2+} from aqueous solution [J]. Applied surface science，2018，457：981-990.

［67］刘春艳，张正国，雷青娟，等. 接枝型镉离子印迹膜的制备及其识别选择性能 [J]. 功能高分子学报，2018，31（3）：248-254.

［68］YU L，YANG Y，ZHNAG J，et al. Properties and performance of Ag（I）ion imprinted PVDF-PVA/GO composite membrane：Enhanced permeability，rejection and anti-microbial ability [J]. Water cycle，2020，1：121-127.

［69］ESMALI F，MANSOURPANAH Y，FARHADI K，et al. Fabrication of a novel and highly selective ion-imprinted PES-based porous adsorber membrane for the removal of mercury（Ⅱ） from water [J]. Separation and purification technology，2020，250：117183.

[70] SUN J F，WU L S，LI Y H. Removal of lead ions from polyether sulfone/Pb（Ⅱ）–imprinted multi–walled carbon nanotubes mixed matrix membrane [J]. Journal of the Taiwan institute of chemical engineers，2017，78：219–229.

[71] ABU–DALO M A，AL–RAWASHDEH N A F ，AL–MHEIDAT I R，et al. Preparation and evaluation of new uranyl imprinted polymer electrode sensor for uranyl ion based on uranyl–carboxybezotriazole complex in pvc matrix membrane [J]. Sensors and actuators B：chemical，2016，227：336–345.

[72] WANG H Q，SHANG H Z，SUN X R，et al. Preparation of thermo–sensitive surface ion–imprinted polymers based on multi–walled carbon nanotube composites for selective adsorption of lead（Ⅱ） ion [J]. Colloids and surfaces A：physicochemical and engineering aspects，2020，585：124139.

[73] YANG S，XU M Y，YIN J，et al. Thermal–responsive Ion–imprinted magnetic microspheres for selective separation and controllable release of uranium from highly saline radioactive effluents [J]. Separation and purification technology，2020，246：116917.

[74] LIU Y，HU X，LIU Z C，et al. A novel dual temperature responsive mesoporous imprinted polymer for Cd（Ⅱ） adsorption and temperature switchable controlled separation and regeneration [J]. Chemical engineering journal，2017，328：11–24.

[75] QI X，GAO S，DING G S，et al. Synthesis of surface Cr（Ⅵ）–imprinted magnetic nanoparticles for selective dispersive solid–phase extraction and determination of Cr（Ⅵ） in water samples [J]. Talanta，2017，162：345–353.

[76] 张惠欣，窦倩，金秀红，等. 磁性锌（Ⅱ）离子表面印迹聚合物的合成及吸附性能 [J]. 化工新型材料，2015，43（3）：132–135，139.

[77] ZHAO B S，HE M，CHEN B B，et al. Novel ion imprinted magnetic mesoporous silica for selective magnetic solid phase extraction of trace Cd followed by graphite furnace atomic absorption spectrometry detection [J]. Spectrochimica acta part B：atomic spectroscopy，2015，107：115–124.

［78］TAGHIZADEH M，HASSANPOUR S. Selective adsorption of Cr（Ⅵ）ions from aqueous solutions using a Cr（Ⅵ）–imprinted polymer supported by magnetic multiwall carbon nanotubes [J]. Polymer，2017，132：1–11.

［79］HE J N，SHANG H Z，ZHANG X，et al. Synthesis and application of ion imprinting polymer coated magnetic multi–walled carbon nanotubes for selective adsorption of nickel ion [J]. Applied surface science，2018，428：110–117.

［80］谢丹丹，闫亮，尹玉立，等. 磁性碳纳米管表面多金属离子印迹聚合物制备及应用 [J]. 应用化学，2017，34（4）：456–463.

［81］黄水波，张朝晖，周必武，等. 磁性碳纳米管表面新型镉离子印迹聚合物制备及其对大米中的镉离子富集 [J]. 应用化学，2015，32（11）：1299–1306.

［82］WANG Y H，LI L L，LUO C N，et al. Removal of Pb^{2+} from water environment using a novel magnetic chitosan/graphene oxide imprinted Pb^{2+} [J]. International journal of biological macromolecules，2016，86：505–511.

［83］肖海梅，蔡蕾，张朝晖，等. 磁性氧化石墨烯 /MIL–101（Cr）表面金属离子印迹聚合物制备及其对 Cu（Ⅱ）和 Pb（Ⅱ）选择性吸附 [J]. 应用化学，2020，37（9）：1076–1086.

［84］CHEN H L，YAO J，WANG F，et al. Toxicity of three phenolic compounds and their mixtures on the gram–positive bacteria Bacillus subtilis in the aquatic environment[J]. The science of the total environment，2010，408（5）：1043–1049.

［85］余丽琴，赵高峰，冯敏. 典型氯酚类化合物对水生生物的毒性研究进展 [J]. 生态毒理学报，2013，8（5）：658–670.

［86］UDDIN M H，HAYASHI S. Effects of dissolved gases and pH on sonolysis of 2，4–dichlorophenol[J]. Journal of hazardous materials，2009，170（2）：1273–1276.

［87］杨鑫宇，吴杰，解帅，等. 纳米级 Pd/Fe@SiO$_2$ 复合颗粒对 2，4–DCP 的还原脱氯研究 [J]. 环境科学学报，2019，39（11）：3794–3801.

［88］陈菊香，高乃云，杨静，等. UV/PS 降解水中 2，4– 二氯苯酚的特性研究 [J]. 中国环境科学，2017，37（6）：2145–2149.

［89］万俊杰，陈大志，谢光健，等.Fenton/ 电 –Fenton 降解造纸废水中 2，4–二氯苯酚的研究 [J].造纸科学与技术，2012，31（4）：83–88.

［90］乔小宇，于洪斌，路莹，等.金钯负载 TiO₂–rGO 光催化降解 2，4– 二氯苯酚 [J].水处理技术，2016，42（10）：53–57.

［91］蒋俊令.好氧颗粒污泥降解2,4–二氯酚的研究 [D].济南: 山东师范大学，2014.

［92］赵骊媛.小球藻对酚类物质吸附和降解行为研究 [D].杭州：浙江工业大学，2017.

［93］王勇梅.多孔介质材料——煤渣球的制备及在水处理中的应用研究 [D].青岛：中国海洋大学，2014.

［94］李飞跃，谢越，石磊.稻壳生物质炭对水中氨氮的吸附 [J].环境工程学报，2015，9（3）：1221–1226.

［95］吴海露，车晓冬，丁竹红，等.山核桃、苔藓和松针基生物质炭对亚甲基蓝及刚果红的吸附性能研究 [J].农业环境科学学报，2015，34（8）：1575–1581.

［96］林旭萌，宿程远，黄纯萍，等.污泥质生物炭对 2，4– 二氯苯酚的吸附性能 [J].环境工程，2019，37（8）：154–158，87.

［97］郭琳颖，王凯男，王梦寒，等.芦苇生物质炭对镉的吸附及机制 [J].农业资源与环境学报，2020，37（1）：66–73.

［98］HUANG S Z, LIANG Q W, GENG J J, et al. Sulfurized biochar prepared by simplified technic with superior adsorption property towards aqueous Hg（Ⅱ） and adsorption mechanisms[J]. Materials chemistry and physics，2019，238：121919.

［99］孙晓杰，秦永丽，伍贝贝，等.硅烷偶联剂改性生物炭的疏水性能优化试验 [J].环境科学与技术，2019，42（12）：68–73.

［100］张悍，吴亦潇，万亮，等.碱改性米糠炭对水中四环素的吸附性能研究 [J].水处理技术，2020，46（6）：20–26，32.

［101］ZHAO Z D, NIE T T, ZHOU W J. Enhanced biochar stabilities and adsorption properties for tetracycline by synthesizing silica–composited biochar[J]. Environmental pollution，2019，254（Pt A）：113015.

［102］叶益辰，孙雨晴，萨仁格日乐，等.磷酸改性生物炭–LDHs（Mg–Al–NO$_3$）复合材料对双酚 A 的吸附 [J]. 环境化学，2020，39（1）：61–70.

［103］SON E B，POO K M，CHANG J S，et al. Heavy metal removal from aqueous solutions using engineered magnetic biochars derived from waste marine macro–algal biomass[J]. Science of the total environment，2018，615（FEB.15）:161–168.

［104］王飞.氨基改性磁性生物质炭的快速制备及对水中六价铬的吸附去除研究 [D]. 厦门：厦门大学，2018.

［105］顾雪琼，陈维芳.改性活性炭对饮用水中铬酸盐的去除特性研究 [J]. 水资源与水工程学报，2011，22（2）：20–24.

［106］周殷，胡长伟，李鹤，等.柚子皮吸附剂的物化特性研究 [J]. 环境科学与技术，2010，33（11）：87–91.

［107］梁峰，毛艳丽，刘雪平，等.柚子皮改性活性炭对 Cd^{2+} 的吸附性能研究 [J]. 化学试剂，2015，37（1）：21–24.

［108］严云.炭化柚子皮对苯酚的吸附性能 [J].江苏农业科学，2016，44（8）：481–482.

［109］王慧.柚子皮生物炭对湿地土壤吸附五氯酚和磷的影响研究 [D].青岛：中国海洋大学，2014.

［110］郑赟.基于组分分析的生物质热裂解动力学机理研究 [D]. 杭州：浙江大学，2006.

［111］WANG S T，LI X N，ZHAO H M，et al. Enhanced adsorption of ionizable antibiotics on activated carbon fiber under electrochemical assistance in continuous–flow modes[J]. Water research，2018，134：162–169.

［112］CUERVO M R，ASEDEGBEGA–NIETO E，DIAZ E，et al. Modification of the adsorption properties of high surface area graphites by oxygen functional groups[J]. Carbon，2008，46（15）：2096–2106.

［113］GAO J，PEDERSEN J A. Adsorption of sulfonamide antimicrobial agents to clay minerals[J]. Environmental science & technology，2005，39（24）：9509–9516.

［114］张庆芳，杨国栋，孔秀琴，等.改性花生壳吸附水中 Cr^{6+} 的研究 [J]. 化学与生物工程，2008，25（2）：29–31.

［115］STAMPER D M，TUOVINEN O H. Biodegradation of the acetanilide herbicides alachlor，metolachlor，and propachlor[J]. Critical reviews in microbiology，1998，24（1）：1-22.

［116］高亚华，郭丽潇，王永仙，等 . 微波辅助合成 NaA 型沸石及对铯离子的吸附研究 [J]. 当代化工，2020，49（8）：1655-1659.

［117］陈佼，张建强，陆一新，等 . 玉米芯生物炭对含盐污水中氨氮的吸附特性 [J]. 安全与环境学报，2017，17（3）：1088-1093.

［118］DENG H，LU J J，LI G X，et al. Adsorption of methylene blue on adsorbent materials produced from cotton stalk[J]. Chemical engineering journal，2011，172（1）：326-334.

［119］OZCAN A S，GOK O，OZCAN A. Adsorption of lead（II）ions onto 8-hydroxy quinoline-immobilized bentonite[J]. Journal of hazardous materials，2009，161（1）：409-509.

［120］严云 . 炭化柚子皮对苯酚的吸附性能 [J]. 江苏农业科学，2016，44（8）：481-482.

［121］RIZWAIV M，LIN Q M，CHEN X J，et al. Synthesis，characterization and application of magnetic and acid modified biochars following alkaline pretreatment of rice and cotton straws[J]. Science of the total environment，2020，714：136532.

［122］ZHOU Y Y，HE Y Z，XIANG Y J，et al. Single and simultaneous adsorption of pefloxacin and Cu（II）ions from aqueous solutions by oxidized multiwalled carbon nanotube[J]. Science of the total environment，2019，646：29.

［123］BHATTI H N，MAHMOOD Z，KAUSAR A，et al. Biocomposites of polypyrrole，polyaniline and sodium alginate with cellulosic biomass：Adsorption-desorption，kinetics and thermodynamic studies for the removal of 2，4-dichlorophenol[J]. International journal of biological macromolecules，2020，153：146-157.

［124］曹雨 . 含酚废水处理技术研究进展 [J]. 辽宁化工，2019，48（5）：415-417，420.

［125］AHMARUZZAMAN M. Adsorption of phenolic compounds on low-cost adsorbents: A review[J]. Advances in colloid and interface science, 2008, 143（1-2）: 48-67.

［126］董婷. 关于活性炭吸附在工业废水处理中的应用分析 [J]. 清洗世界, 2019, 35（3）: 39-40.

［127］张德谨, 朱家宝, 谢永, 等. 活性炭吸附废水中亚甲基蓝的效果及条件研究 [J]. 重庆科技学院学报（自然科学版）, 2019, 21（3）: 113-116.

［128］金星, 庞博文, 于鹏飞, 等. 天然沸石 / 活性炭处理污水厂尾水试验研究 [J]. 辽宁化工, 2018, 47（9）: 869-871.

［129］韩鲁佳, 闫巧娟, 刘向阳, 等. 中国农作物秸秆资源及其利用现状 [J]. 农业工程学报, 2002（3）: 87-91.

［130］宋阿娟. 改性荷叶对 1, 4- 苯二酚和亮绿的吸附研究 [D]. 郑州: 郑州大学, 2016.

［131］药星星. 玉米秸秆活性炭吸附苯酚废水的研究 [D]. 太原: 中北大学, 2016.

［132］罗冬, 谢翼飞, 谭周亮, 等. NaOH 改性玉米秸秆对石油类污染物的吸附研究 [J]. 环境科学与技术, 2014, 37（1）: 28-32, 42.

［133］张娱, 陈琦, 唐志书, 等. 玉米芯生物炭对苯酚的吸附特性研究 [J]. 合成纤维工业, 2019, 42（1）: 17-19, 25.

［134］PAKULA M, WALCZYK M, BINIAK S, et al. Electrochemical and FTIR studies of the mutual influence of lead（Ⅱ）or iron（Ⅲ）and phenol on their adsorption from aqueous acid solution by modified activated carbons[J]. Chemosphere, 2007, 69（2）: 209-219.

［135］何婷. 活性炭纤维对苯酚的吸附及活性炭纤维改性的研究 [D]. 上海: 华东师范大学, 2007.

［136］何建玲. 新型吸附树脂对苯乙酸的吸附热力学研究 [J]. 离子交换与吸附, 2004（2）: 131-137.

［137］ANIRUDHAN T S, RADHAKRISHNAN P G. Thermodynamics and kinetics of adsorption of Cu（II）from aqueous solutions onto a new cation exchanger derived from tamarind fruit shell[J]. The Journal of Chemical Thermodynamics, 2008, 40（4）: 702-709.

［138］孙航, 蒋煜峰, 胡雪菲, 等. 添加生物炭对西北黄土吸附克百威的影响 [J]. 环境科学学报, 2016, 36（3）: 1015-1020.

［139］YAO S H, LAI H, SHI Z L. Biosorption of methyl blue onto tartaric acid modified wheat bran from aqueous solution[J]. Journal of environmental health science & engineering, 2011, 9（1）: 16.

［140］WANG S B, ZHU Z H, COOMES A, et al. The physical and surface chemical characteristics of activated carbons and the adsorption of methylene blue from wastewater[J]. Journal of colloid and interface science, 2004, 284（2）: 440-446.

［141］WOOD G O. Affinity coefficients of the Polanyi/Dubinin adsorption isotherm equations[J]. Carbon, 2001, 39（3）: 343-356.

［142］SINGH R, SINGH A P, KUMAR S, et al. Antibiotic resistance in major rivers in the world: A systematic review on occurrence, emergence, and management strategies[J]. Journal of cleaner production, 2019, 234: 1484-1505.

［143］HE L Y, YING G G, LIU Y S, et al. Discharge of swine wastes risks water quality and food safety: Antibiotics and antibiotic resistance genes from swine sources to the receiving environments[J]. Environment international, 2016, 92-93: 210-219.

［144］OUESLATI W, RJEIBI M R, MHADHBI M, et al. Prevalence, virulence and antibiotic susceptibility of Salmonella spp. strains, isolated from beef in Greater Tunis （Tunisia）[J]. Meat science, 2016, 119: 154-159.

［145］TLILI I, GARIA C, OUDDANE B, et al. Simultaneous detection of antibiotics and other drug residues in the dissolved and particulate phases of water by an off-line SPE combined with on-line SPE-LC-MS/MS: Method development and application[J]. Science of the total environment, 2016, 563-564（1）: 424-433.

［146］ZHANG X N, LIN X Y, DING H L, et al. Novel alginate particles decorated with nickel for enhancing ciprofloxacin removal: Characterization and mechanism analysis[J]. Ecotoxicology and environmental safety，2018，169：392–401.

［147］ELESSAWY N A，ELNOUBY M，GOUDA M H，et al. Ciprofloxacin removal using magnetic fullerene nanocomposite obtained from sustainable PET bottle wastes：Adsorption process optimization，kinetics，isotherm，regeneration and recycling studies[J]. Chemosphere，2020，239：124728.

［148］张学良，徐建，占新华，等．微波辅助合成 γ–Fe_2O_3/ 花生壳磁性生物炭对水体中环丙沙星吸附的研究 [J]. 环境科学学报，2019，39（11）：3811–3820.

［149］谢晓纹，马晓国，郭丽慧．分子印迹聚合物用于环境内分泌干扰物的检测与去除 [J]. 化学进展，2019，31（12）：1749–1758.

［150］毛艳丽，牛云峰，吴俊峰，等．磁性伊利石表面分子印迹材料的制备及其对环丙沙星识别特性研究 [J]. 分析化学，2016，44（6）：915–922.

［151］毛艳丽，康海彦，王现丽，等．磁性炭微球表面印迹吸附材料的制备及其对氨苄西林识别与选择性吸附 [J]. 环境科学学报，2016，36（7）：2451–2459.

［152］YUPHINTHARAKUN N，NURERK P，CHULLASAT K，et al. A nanocomposite optosensor containing carboxylic functionalized multiwall carbon nanotubes and quantum dots incorporated into a molecularly imprinted polymer for highly selective and sensitive detection of ciprofloxacin[J]. Spectrochimica acta part A：molecular and biomolecular spectroscopy，2018，201：382–391.

［153］王露，宋鑫，王芹，等．新型磁性分子印迹 – 高效液相色谱法测定牛奶中的环丙沙星 [J]. 食品安全质量检测学报，2018，9（15）：3999–4005.

［154］CHEN L G，ZHANG X P，XU Y，et al. Determination of fluoroquinolone antibiotics in environmental water samples based on magnetic molecularly imprinted polymer extraction followed by liquid chromatography–tandem mass spectrometry[J]. Analytica chimica acta，2010，662（1）：31–38.

［155］何丽芝，张小凯，吴慧明，等．物质炭及老化过程对土壤吸附吡虫啉的影响 [J]. 环境科学学报，2015，35（2）：535–540.

［156］FU D，CHEN Z，XIA D，et al. A novel solid digestate–derived biochar–Cu NP composite activating H_2O_2 system for simultaneous adsorption and degradation of tetracycline[J]. Environmental pollution，2017，221：301–310.

［157］HASSANZADEH M，GHAEMY M，AMININASAB S M，et al. An effective approach for fast selective separation of Cr（Ⅵ） from water by ion-imprinted polymer grafted on the electro-spun nanofibrous mat of functionalized polyacrylonitrile[J]. Reactive and functional polymers，2018，130：70-80.

［158］任广军，翟玉春，宋恩军，等．膨润土对溶液中镍离子的吸附特性及机理 [J]. 硅酸盐学报，2014，42（11）：1448-1457.

［159］GAO B J，MENG J，XU Y，et al. Preparation of Fe（Ⅲ） ion surface-imprinted material for removing Fe（Ⅲ） impurity from lanthanide ion solutions[J]. Elsevier，2015，24：351-358.

［160］袁丹．苦草废弃生物质基磁性颗粒 / 成型多孔炭球的制备及吸附性能研究 [D]. 广西：广西大学，2018.

［161］LI M R，WEI D，LIU T，et al. EDTA functionalized magnetic biochar for Pb（ Ⅱ ）removal：Adsorption performance，mechanism and SVM model prediction[J]. Separation and purification technology，2019，227：115696.

［162］彭帅．磁性多孔纤维素微球的制备与应用研究 [D]. 广东：华南理工大学，2014.

［163］CHEN J，BAI H P，XIA J R，et al.Trace detection of Ce~（3+） by adsorption strip voltammetry at a carbon paste electrode modified with ion imprinted polymers[J].Journal of rare earths，2018，36（10）：1121-1126.

［164］ZHOU Z Y，LIU X T，ZHANG M H，et al. Preparation of highly efficient ion-imprinted polymers with Fe_3O_4 nanoparticles as carrier for removal of Cr（Ⅵ） from aqueous solution[J]. Science of the total environment，2020，699：134334.

［165］孙媛媛．芦竹活性炭的制备、表征及吸附性能研究 [D]. 山东：山东大学，2014.

［166］LI X X，PAN J M，DAI J D，et al. Removal of cefalexin using yeast surface-imprinted polymer prepared by atom transfer radical polymerization[J]. Journal of separation science，2012，35（20）：2787-2795.

［167］KUMAR K V，RAMAMURTHI V，SIBANESAN S. Modeling the mechanism involved during the sorption of methylene blue onto fly ash[J]. Journal of colloid and interface science，2005，284（1）：14-21.

［168］刘敏.聚多巴胺/石墨烯印迹材料制备及其用于喹诺酮抗生素的吸附去除和 DGT 分析 [D].大连：大连理工大学，2017.

［169］钱易，汤鸿霄，文彬华，等.水体颗粒物和难降解有机物的特性与控制技术原理 [M].北京：中国环境科学出版社，2000.

［170］刘静萱，邹卫华.沙柳基活性炭对 2，4- 二氯苯酚的吸附探究 [J].化工新型材料，2017，45（6）：204-206.

［171］姜梅，展惠英，袁建梅，等.2，4- 二氯苯酚在黄土中的吸附—解吸行为研究 [J].安全与环境工程学报，2003，3（4）：73-77.

［172］李琦，高欢，韦安磊，等.纳米氧化铜对水中三价砷的吸附特性及机理研究 [J].西北大学学报，2019，49（1）：109-112.

［173］赵炳翔，崔瑞璞，王晓凤，等.活性氧化铝对水中 F- 的吸附特性及其影响因素 [J].云南化工，2019，46（2）：121-125.

［174］谢襄漓，徐旭，曹伟城，等.镁铝型复合金属氧化物去除水体中苯酚 [J].桂林理工大学学报，2012，32（2）：240-243.

［175］柳晓琴，吴帅征，李帆，等.制备新型 PEI@Co3O4 复合材料及对 Cr（Ⅵ）吸附行为的探究 [J].西华师范大学学报，2017，38（3）：274-280.

［176］李晓婷，张乐喜，尹静，等.热处理温度对溶剂热合成 Co3O4 纳米片气敏和吸附性能之影响 [J].无机化学学报，2016，32（10）：1739-1746.

［177］张庆芳，杨国栋，孔秀琴，等.改性花生壳吸附水中 Cr^{6+} 的研究 [J].化学与生物工程，2008，25（2）：29-31.

［178］张锦.GO&FeCu 复合材料对水中 As（Ⅲ）/As（Ⅴ）吸附性能及吸附机理 [D].西安：西安建筑科技大学，2018.

［179］许峰.钴/四氧化三钴/聚吡咯（苯胺）吸附及催化转化二氧化碳的性能探究 [D].浙江：浙江师范大学，2013.

［180］徐宏祥.有机废水的煤吸附净化机理研究 [D].北京：中国矿业大学，2015.

［181］丁世敏，封享华，汪玉庭，等.交联壳聚糖多孔材料微球对染料的吸附平衡及动力学分析 [J].分析科学学报，2005，21（2）：127-130.

［182］卢磊.磷、六价铬和单宁酸在铁铝复合吸附剂上的吸附和竞争吸附研究 [D].济南：山东大学，2011.

［183］赵爽.壳聚糖吸附印染废水性能的探究 [J].山西建筑，2018，44（34）：108-109.

［184］张飞，李勇超，郑师梅，等.铁铜双金属氧化物对 Sb（Ⅲ）的吸附再生及影响因素 [J].环境科学与技术，2017，40（5）：16-18.

［185］张德谨，谢永，史洪伟，等.改性壳聚糖吸附 Ni^{2+} 过程动力学及热力学研究 [J].邵阳学院学报，2019，16（3）：68-74.